教科文行动

CCTV给头脑的基本储存

U0908535

极具挑战的地球故事

上海科学技术文献出版社

图书在版编目（CIP）数据

极具挑战的地球故事／李栓科主编．—上海：上海科学技术文献出版社，2011.2
（教科文行动）
ISBN 978-7-5439-4755-9

Ⅰ.①极… Ⅱ.①李… Ⅲ.①地球-普及读物 Ⅳ.①P183-49

中国版本图书馆 CIP 数据核字（2011）第 008817 号

责任编辑：张　树

极具挑战的地球故事
顾问　周光召　赵化勇　主编　李栓科
出版发行：上海科学技术文献出版社
地　　址：上海市长乐路 746 号
邮政编码：200040
经　　销：全国新华书店
制　　版：南京理工排版校对有限公司
印　　刷：常熟市华顺印刷有限公司
开　　本：740×970　1/16
印　　张：13.5
字　　数：178 000
版　　次：2014 年 4 月第 2 次印刷
书　　号：ISBN 978-7-5439-4755-9
定　　价：30.00 元

教科文行动

给头脑的基本储存

周光召

二〇〇三年十一月

《教科文行动》丛书——给头脑的基本储存

顾　问：周光召　赵化勇

编辑委员会

主　任：王庚年

副主任：高　峰　王进友　缪其浩

委　员：冯存礼　王渝生　李栓科　李　竞　英　杰
王玉清　刘民朝　魏　斌　熊文平

编 辑 部

主　任：王进友

副主任：王玉清　张广义

成　员：杨利加　董　葵　纪淑田　商世伟　吴胜利　陈　盛
洪丽娟　贾　娟　张学敏　贾冰冰　芦　嘉　陈云珍

图书出版策划

高　峰　王进友　王玉清　赵　炬

图书出版统筹

张广义　吴胜利　商世伟　张　树

本册主编：李栓科

副 主 编：刘国春

序

王庚年

中央电视台社教节目中心与上海科学技术文献出版社合作的《教科文行动》丛书出版活动，标志着中央电视台科教频道借助与兄弟媒体的互动与联系，获得了一个具有品牌效应的传播平台，频道制作、编播的优秀科教文化节目的社会影响力也在此平台上获得了全新的、深层次的扩充。

中央电视台作为一个全国性、综合性的媒体，不仅注重社会主义新闻事业、文艺事业，还十分注重文教事业；不仅注重自身建设，还十分注重与各方面社会力量的合作；不仅注重传媒自身的政治文化使命，也十分注重社会经济属性。

这几个注重，加上多年积淀，就决定了中央电视台是有着深厚文化内涵和文化作为，开放而非封闭、灵活而不僵硬，无论业务还是观念都始终处于前沿的电视媒体。

现在科教频道与上海科学技术文献出版社的合作，就是体现了几个注重，尤其体现了我们的文化作为、文化抱负，也体现了我们的合作理念。

中央电视台科教频道于2001年7月开播，是随着“科教兴国”战略的实施应运而生的。3年来，科教频道组织了多次主题突出的大型系列节目制作和播出上的特别编排，在中央电视台已形成了鲜明的频道特色，“教科文行动”的品牌在社会上也获得良好的赞誉。

上海科学技术文献出版社的同志一直关注着科教频道的成长，关注着科教频道的内容，此次通过精心策划、编辑，使电视上一闪即逝的节目，变成可以细读的文字，可以细看的图片，这样，科技、文化、艺术知识的传播就是立体的，深入的，全方位的。所以，双方的合作从文化上看，可以说是善莫大焉。

科教频道是中央电视台宣传“科教兴国”战略的重要基地，也是展现国内外优秀电视科教作品的基地。希望我们能以此为出发点，在将来展开更大规模、更高规格、更具影响力的合作。这样，我们同为国家文化事业中的一员，就能够互相借力，共同发展，最终把我们的事业做大做强。

祝中央电视台科教频道与上海科学技术文献出版社合作成功，祝《教科文行动》丛书的出版获得成功！

2004年4月

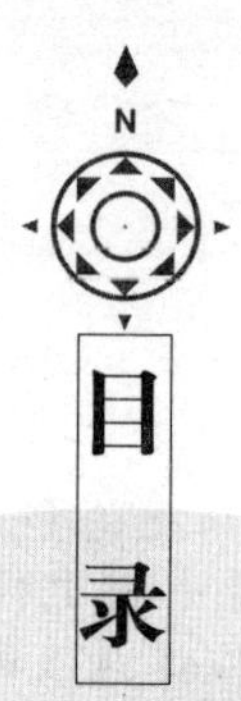

目录

第一章

蓝色星球

在漫长的岁月中，人类在这个星球上繁衍生息，不断用自己的双手，建设着美好的家园。劳动之余，人们更希望了解居住的这片土地。尽管人类生活在地球上，可是在过去的很长时期里人们对地球的认识却非常肤浅。

第一章　蓝色星球

数千年来，人类对自己生存的空间产生过各种遐想，编织出一个个动人的传说。在中国古代就有盘古开天、女娲补天的故事。古希腊神话讲开天辟地时，也是说宇宙是从混沌之中诞生的，最先出现的神就是大地之神——该亚(Gaea)。天空、陆地、海洋都是由她而生的。可见我们脚下的这片土地在人们的心中是多么的神圣。在大漠驼队的足下她是黄色的，在草原牧人的眼中她是绿色的，在海边渔民的网里她是蓝色的。

可是我们很久都不知道在满天的星星眼里她是什么颜色的。

大地有尽头吗？它是方的、平的，还是圆的？为什么日、月、星辰总是东升西落？为什么会有四季变化？等等。这些现在看起来很简单的问题是人们经过数千年的努力才弄明白的。人类知道自己生存在一个不大的、且极普通的行星之上，这才是近几百年的事。当人类跨入宇航时代并步入太空的时候，才有机会从地球以外的地方俯视这颗星球的全貌。原来她是一颗蓝色的星球，表面蓝色的海洋与蜿蜒相接的大陆美景交辉，飘忽变幻的白云环绕其上，堪称一颗美丽的星球。

|蓝|色|的|星|球|

离太阳一亿五千万公里处有一个美丽的蓝色世界，这颗太空中的蓝宝石就是我们的家，从太阳数第三颗行星也是第一颗带有卫星的行星。我们的地球有丰富的水，我们拥有海洋，我们拥有充满水汽的大气，我们还有冰，即使在干燥的沙漠，在那里也有众多的生命，就我们目前所知，地球是惟一具有生命的行星，正因为生命的存在地球才如此的特殊。

地球

在太阳系刚形成的时候，地球既没有生命也没有水，它只是一块熔化过的岩石，45亿年后最重的元素沉落到地球的中心，它的内核是固态的铁和镍，它的外面是熔化的外壳，围绕在它的上面。地震波揭示了这个结构，黄色的主波通过地核传播，而蓝色的次波则被阻挡。

人造卫星上看地球

地球的磁场以及北极就是由于其固体内核在泥泞状的外壳中跳动产生的，如果两极像以往曾经出现过的那样相互颠倒，那些利用磁场导航的鸟类就可能出现混乱。在地球内部，灼热的岩浆通过上层覆盖物外壳反卷流动。在地球的表面，它的效果就是大陆漂移。在地球波浪下面存在这样的证据，在海洋隆起的山脊中熔化的岩石正在覆盖层中穿过，并将携带陆地的板块分离。如果将海洋中的水排掉就可看到一些板块正在分离，而另一些则正聚集在一起，板块相遇处火山爆发。生命就起源于这些海洋的洞孔中。在陆地上它演化成绿色植物，它们呼出氧气，并将有毒的气体转变成可呼吸的空气。

在早期，地球大气中有毒气体浓密时就会开始降雨，水池变成了湖泊，湖泊则变成了海洋，今天它们覆盖了地球70%的面积，它们将二氧化碳滞留住，而遗留给我们一个包含五分之一氧、五分之四氮的地球大气。其他自然力也正起着作用，夜晚恒星好似飞过太空，但这是一个错觉，这是地球自转的效应，24小时不停地旋转，给予了我们白天和黑夜。同样当太阳的影像缓慢扫过日轨时，并不意味着太阳在运动，运动的是地球。如果不是地球的自转轴比公转轨道轴线倾斜23度的话，白天和黑夜将永远是同样的长度。

1492年绘制的地图

地球围绕太阳运行轨道的复杂性增加，这也使地球上有了四季。地球公转周期为一年，每一天阳光照射到地球上的角度都有轻微的变化。一个季度它会变很多，而每半年变化更大，在这个位置上，地球北半球是冬天，而南半球则是夏天，北半球白天短而寒冷，南半球则长而酷热。6个月后地球转到太阳的另一边，此时北半球变为夏天，南半球则变为冬天。季节的变化意味着日落的变化，在春分时北半球日落于正西方，但是到夏至时太阳悬挂在天空中较高的地方，并从正西偏北的方向落下。在冬至时太阳则在天空中较低的地方落于正西偏南方。从人造卫星上可以看到冰层上反映的这种季节效应。

自从人类踏上月球，人们发现地球像其他行星一样，是在广袤无垠的宇宙中旋转运行着的。由于有了对地球进行观测的航天飞机和卫星，这种远距离的视角让地球与我们的关系变得格外亲近。我们对它的了解，已经走出了地平线，而是在一个更大的空间重新认识我们生存的家园。人类勾勒出大陆的轮廓并没有很长时间。在上面这张1492年绘制的地图上，美洲还不存在，红海的形状也不够确切。

今天，卫星所拍摄的一幅普通的照片就可以向我们展示出，红海的两岸像从同一盘拼图游戏中被分隔开的两块拼版。在发现了美洲之后，大陆的边缘线才逐渐明朗起来。非洲和南美洲所形成的错综复杂的地形让许多有好奇心的人都感到惊奇。魏格纳在1912年提出了“大陆漂移”理论：大陆在数千万年之前已经形成一个巨大的板块，称为“泛大陆”，它后来解体成若干块大陆。魏格纳寻找并发现了数千万年之前大陆相互连接的一些迹象。直到1960年，他的“大陆漂移”理论才最终被公认。今天，看到这栩栩如生的大陆板块图像，让我们感到非常自然。但是，这些各自漂移的板块背后隐藏着什么呢？我们是否知道，大陆只是从12个移动板块中浮现出的7个部分。这些板块每年还在以几厘米的速度移动。

通过观察海底地图，人们发现在海洋中间有一些巨大的裂缝，在那儿，板块分开了，产生一些很深的海沟，在那儿，板块又相互靠近：这是一些巨大的裂缝。沿着裂缝，板块在滑动。板块从它们的边缘又浮现出来。在板块与板块之间相撞的地区发生着火山喷发和地震。这些坚硬的板块在地幔上滑行。它们厚达70公里，而地球中心距地壳表面的距离达6400公里，但是它们的移动在地球表面留下了火山的雏形、海底的断层、山脉的褶皱，以及地球生命的迹象。如果板块在地壳上粗线条地勾勒出它们的边缘，那么，所有这一切的迹象又有些什么深邃的含义呢？是什么力量让如此厚的板块能够漂浮移动？为揭开地球的神秘面纱，我们在一些研究人员的帮助下对地壳的表面进行了探测。这些研究人员能够解释各种地表地貌迹象，破译美丽风景背后的秘密，收集包含有某种信息的石块。

大陆漂移过程中的地球板块

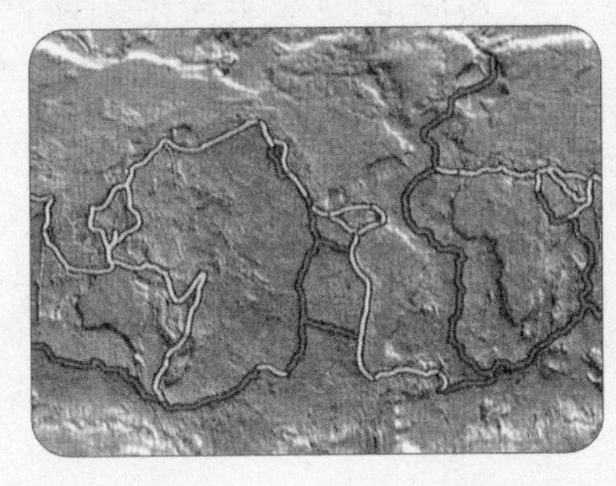

海底地图（深色粗线条为板块分界线）

接着，我们要做进一步了解，我们要到地球的中心做一次科学旅行。对于地质学家来说，阿尔卑斯山是怎样形成的呢？一个巨大无比的褶皱是由非洲板块与欧洲板块相撞而形成的。600万年前，阿尔卑斯褶皱时期，来自东部，即意大利的推力，作用于这个水平板层，它开始将这个板层抬起，就像是一股来自右侧并朝左侧运动的定向的推力。因此，人们看见略倒转的拱型出现，就像地质学家所说的那样，即向左侧倾斜，接着，在某一特定的时候，又发生了什么？就像这样即使不十分柔软，也会发生断口。然而拱型有点超过了它的根基。一位地质学家说过，你们因此可以看见一个裂缝十分明显地出现在全貌中，也就是在位于森林中的一小块的下部。人们看到的褶皱，它同时包含断层，地质学家说人们看到的断层褶皱，或者如果你们想看到一个裂缝的褶皱，之所以被撕裂，是因为它还不够柔软得让它最后可以出现变形。两个板块靠近、碰撞、挤压产生的变形：海洋里的岩石升起，这一现象实际上要花数千万年的时间。从此，一个海洋消失了，同时，又有一座山脉产生在地平线上。是板块

的碰撞产生了这些大小不一的各种等级差异的褶皱。

下面的小石块，只有十多厘米大小，由于板块的运动它已经变形。为了更好地看到板块地质构造的运动是如何改变石块内部结构的，地球化学家沙雷尔用显微镜来观察印度洋板块撞向亚洲板块时所产生的褶皱。他看见物质柔软地向心环绕着，巨大的粒状物盘了起来，形成一些真正的褶皱。由此推断，印度洋板块撞向亚洲板块时，产生了各种各样的、从巨大到很微小的作用。在中国的喜马拉雅山山脉，绵延着数千公里长的巨大褶皱，它正是由于印度板块向亚洲板块撞击后所产生的结果。位于喜马拉雅山山脉1700公里西北部的褶皱，也同样是这两个板块撞击的结果。大约在5千万年前，印度板块已经开始向亚洲板块撞击。这种强烈的撞击，不仅诞生了喜马拉雅山，而且还诞生了一系列山脉，并且板块撞击引起了强烈地震。从那以后，印度板块还继续以每年5厘米的速度向北漂移。

小石块（上面的皱褶可以看出板块挤压的痕迹）

|地|质|地|貌|

我们的双脚踩在地球的外壳上，地壳运动造就了这个蓝色星球表面的万千风貌：有些地方终年炎热，雨水充沛，植物常绿；有的地方常年寒冷，冰天雪地；有干燥的戈壁沙漠，也有潮湿泥泞的沼泽。地壳运动也使地球表面变得高低不平，最高的珠穆朗玛峰有8848米，最深的海沟则深达万米。

山脉如同大地坚挺的脊梁，世界上14座海拔超过8000米的山峰，全都集中在喜马拉雅山脉。“喜马拉雅”的意思是雪的家乡，那里终年被雪覆盖。在3000万年前，这里还是一片汪洋，由于印度洋板块和欧亚板块的碰撞，才形成了今天的喜马拉雅山脉。年龄较轻的新生代形成的山脉挺拔、高大，而中生代以前形成的山脉，亿万年来经历了风化和侵蚀作用，已经变得低矮和平缓，像乔戈里峰这样年轻的山脉还在继续长高。地球内部的岩浆汇集，释放出大量的气体，当气压足够大时，岩浆和气体从地壳脆弱的地方喷薄而出，慢慢冷却的熔岩涌出地面后，越积越高，形成了火山。今天，500多座活火山仍在不时地喷涌出火热的岩浆。火山喷发是最壮观的地质景象之一，它的烟雾遮天蔽日，释放出的有毒气体令人窒息，炽热的熔岩流淹没土地，甚至摧毁附近的城镇。火山带来的并不仅仅是灾害，火山活动也是创造自然财富的源泉，火山喷发能形成金、银、铜、石棉等矿产，还有蓝宝石、橄榄石等也是火山作用的产物。火山灰中含有的氮、磷等使周围的土地变得肥沃，它还造就了千姿百态的自然景观。

火山喷发

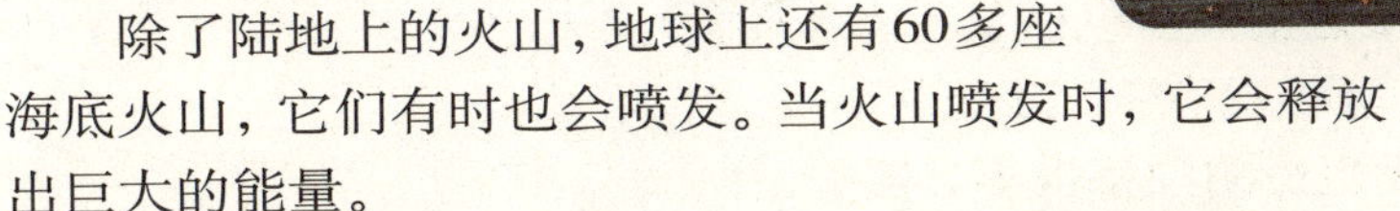
除了陆地上的火山，地球上还有60多座海底火山，它们有时也会喷发。当火山喷发时，它会释放出巨大的能量。

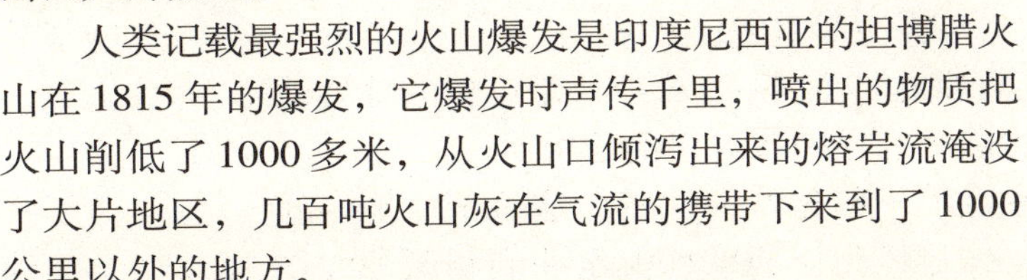
人类记载最强烈的火山爆发是印度尼西亚的坦博腊火山在1815年的爆发，它爆发时声传千里，喷出的物质把火山削低了1000多米，从火山口倾泻出来的熔岩流淹没了大片地区，几百吨火山灰在气流的携带下来到了1000公里以外的地方。

10%的陆地表面被千年不化的冰川覆盖，这些一年只能移动几百米甚至几十米的冰川却具有惊人的力量，所过之处，它会刨平地面、压碎岩石。巨大的冰川最初只是一片片细小的雪花，在那些冬天的积雪经久不化的地方，雪花经过再结晶成为粒雪，随着雪层增加，粒雪的密度不断加大，颗粒之间没有了空隙，形成了蓝色的冰川冰，最终形成冰川。在世界各地几乎所有纬度都有冰川的分布，其中南极洲和格陵兰岛是世界上冰川最集中的地方，占了全球冰川分布的97%。露出水面的其实只是冰山一角，还有5/6的体积藏在了水下。冰川有几种形式：规模广大的大陆

太平洋中的火山岛

冰川在大陆或者高原地区，它覆盖整个陆地再由陆地边缘直接入海；在高山或雪线以上的雪原中，冰层像河流一样沿山谷向下移动，成为山谷冰川；流出谷口后在山麓扩展成的广阔冰原，就成了山麓冰川。

在地球表面5.1亿平方公里的面积上，有3/4是海洋，剩余部分还有一半是荒漠，只有另一半才可供人类居住。海拔不高、土地肥沃的平原就成为人类生存的理想选择。海拔4000米的青藏高原曾经是一片大海，海陆巨变和大陆板块的撞击才形成了具有“世界屋脊”和地球第三极之称的青藏高原。湿地是青藏高原的重要部分，它的水源来自雪山与冰川这些固体水源，独特的水源和复杂的地貌结构使这里江河纵横，青藏高原的湿地面积有75万公顷，这是个充满生命的独特世界，牦牛是高原之舟，万鸟齐飞是鸟岛上的壮美景象，藏野驴是高原的长跑健将，藏羚羊是这里的珍稀动物，还有笨拙的棕熊也在锻炼自己的耐力。

高原上的棕熊

风蚀作用造就了一些独特的地貌。这是干燥地区的一种特殊地貌，经过风化、间歇性流水冲刷和风蚀的作用，形成了这些与盛行风向平行、相间排列的风化土石，它们形状奇异，最大的单体巨岩——348米高的艾尔斯岩，是世界上最古老的岩石。科罗拉多河的不断侵蚀切割，形成了4600公里长的科罗拉多大峡谷，因为岩层内所含物质不同，随着季节、天气的变化，峡谷的色彩变化莫测。

因为3/4的表面被蔚蓝色的海水覆盖着，所以从空中看，地球是个蓝色的球体，它也是太阳系中惟一拥有巨大水量的球体。地球上13.86亿立方千米的水中，海水占了其中的97%。海洋是地球上生命开始的地方，那里生活着大约16万种动物，还有1万多种植物。地球表面被分为四大洋，太平洋几乎覆盖了半个地球，大西洋位于欧洲、非洲和南、北美洲之间，有很多大的河流流进大西洋，也因此给它从陆地带去了许多泥沙；印度洋的石油储量丰富，波斯湾是世界海底石油的最大产地。最小的北冰洋大部分海域被浮冰覆盖，因为地处北极圈附近，它的全年水温都低于0摄氏度。

海洋的底部也像陆面，有山脉、有平原，也有峡谷和丘陵，海洋里最深的地方是海沟，它们一般都分布在大洋的周边。海底还蕴藏着丰富的矿产，海底表层有铁、锡、金刚石、石英等等；还有石油、天然气、煤等矿藏。尽管如此，海洋对我们来说还有太多未知的领域，人类探索的脚步永无止境。

|生|命|历|程|

在原始时代的营养液中有很多不同的分子。有些分子的一侧同水相吸引，另一侧却同水相排斥。这样，它们便聚合成一个肥皂泡那样的小小封闭球体，它能使自己的内部不受侵犯。原始状态的脱氧核糖核酸就在这个小泡中安了家，于是便出现了最早的细胞。经历了好几亿年的时间，才演变成能释放氧气的小植物。不过，我们并不是由它们进化而成的。此后，又用了十亿年的时间，才进化出能够呼吸氧气的细菌。

一个裸露的核，发展成了一个将核包含在内部的细胞。那些像变形虫似的生物，有些后来进化成了植物，另一些发展成内外细胞各有不同功能的群体，变成附着在海底、从水中摄取食物的珊瑚虫，它们慢慢长出了很小的触手，以便把食物引进口中。它们有的又进化成具有内部器官的棘皮动物，其中包括我们的远亲海星。不过，我们也不是从海星变来的。大约在五亿五千万年以前，滤食性动物长出了鳃裂，这使它们能更有效地从水中取得食物颗粒，它们当中的一个分支进化成了橡果虫。另一个分支进化为被囊动物，这

海洋中的低等生物

种动物的幼体在水中自由生活，但成体却牢牢地固着在海底上。有的变成了空管状的生物。另一些则始终保持着幼体的形状，到成熟时还是能自由游动，像长有一些类似脊椎骨的东西。

我们的祖先在五亿年前，就是没有下颌的滤食性鱼类，样子有点像七鳃鳗。这些小鱼渐渐长出了眼睛和下颌。从此，它们开始互相吞食。谁游得快，谁就能生存下来。既然有颌可以吃东西，鳃便可用来吸取水中的氧气。现代鱼类就是这样发展起来的。夏天，有些沼泽湖泊干涸了，于是，有些鱼就长出了原始的肺，在雨水到来之前，它们就靠这样的肺进行呼吸。它们的大脑也逐渐变大。如果天不下雨，它们就会爬到邻近的沼泽地里生活。这是一种非常重要的适应。第一批两栖动物出现了，那时，它们仍长着像鱼一样的尾巴。它们和鱼一样在水中产卵，这些卵很容易被其他动物吃掉。后来，有的两栖动物开始在比较安全的陆地上产出带有硬壳的卵。这是一个巨大的创造性进展。爬行动物和海龟的存在都要追溯到那个年代。在陆地上孵出的爬行动物，大多数再也没有回到水中，其中有些变成了恐龙。恐龙的一个旁系在进化中，长出了有利于短距离飞行的羽毛。今天，恐龙惟一存活下来的后代就是鸟类。

恐龙的后代——鸟类

那些大恐龙却沿着另一个谱系进化，有些成了在陆地上生存过的最大的肉食动物，但是，在六千五百万年前，这些庞然大物神秘地绝灭了。与此同时，恐龙的祖先也在朝着另一个方向进化，成为体形不大、行动灵活的动物，它们的幼体是在母体内发育的。在恐龙绝灭以后，它们又发展成许多不同的形态。

像袋熊那样的有袋动物和其他哺乳动物的幼仔在刚出生时，发育还很不完全，它们必须向老一辈学会如何生存。结果，它们的大脑变得更大了。

哺乳动物有一个旁系向树上发展，变得十分灵巧。它们具有立体视觉，大脑比较大，总是对周围环境感到好奇。它们当中有的变成了狒狒。不过，我们也不是从这个谱系进化成的。猿和人有最近的共同祖先，它们的骨骼、肌肉以及分子几乎没有什么重大的差别。同黑猩猩不一样，我们的祖先直立行走。两只手可以腾出来从事各种劳动。我们的祖先变得更加灵巧，并且开始有了语言。

猿和人有最近的共同祖先

人类家族的许多旁系分支在过去几百万年中都已绝灭。人类之所以能够幸存，正是因为我们有大脑和双手。从最早的细胞开始到人类的产生，贯穿着一条延续不绝的线。

|生|物|多|样|性|

是生命让地球在浩瀚的宇宙中如此与众不同，生机勃勃。46亿岁的地球在经历了大约10亿年的化学进化阶段后，开始孕育生命。从最初的细菌和蓝藻开始，经过几十亿年的物竞天择，形成了今天的局面：从天寒地冻的南北两极到炎热的赤道，从天空、地面再到水中，上百万种生命形式和人类一起分享着这个世界，大鹭能在7000米的高空飞翔，8000多米的山脊甚至都能见到山鸦飞旋的身影，科学家们在4万多米的高空收集到了漂浮空间的微生物，在南极万年冰盖下百米深的岩石中，人们发现了细菌的存

40万种植物在地球表面争奇斗艳

在，科学家们还曾经在几千米深的海水中发现了游动的鱼虾。

40万种植物在地球的表面争奇斗艳，而且还不断地有新的种类被发现，也有些种类在消失、灭绝。潮湿的地方生出的苔藓是一种极微小的植物，它们是第一批来到陆地上的植物，苔藓大概有一万种，除了沙漠，几乎所有的地方都能看到苔藓的踪迹。说到植物，不能不提到森林，地球陆地表面的三分之一是森林，它不仅占据了大量的空间，而且在动物和植物种群，包括人类的进化过程中扮演着十分重要的角色。亚马逊河流域的热带雨林是世界上现存面积最大的原始森林，森林的种类还包括温带森林、针叶森林等，这些森林就好像是地球的肺，它们向地球源源不断地输送氧气。

动物是生物界中最重要、最高级的成员，这是一个极其庞大的群体，我们已经知道的动物有150万种。海洋动物是大海的主人，它们形态多样，从微观的单细胞原生动物，到长达30余米的高等哺乳动物蓝鲸等等，不一而足，根据科学家们的调查估算，海洋动物大约有16万种。从赤道到两极海域，从海面到海底深处，都是海洋动物们生活的乐土。看上去像植物一样的珊瑚其实是聚集在一起的一大群珊瑚虫，它们生长在温暖清澈的海水中从不移动，数百万年的时间，死亡的珊瑚骨骼会堆积成珊瑚礁。鱼类是海洋中自由自在的居民，还有海兽、海鸟等，共同构成了多彩的海洋世界。

几亿年前，无脊椎动物中的节肢动物率先从水中登上陆地，并演化成现代陆生动物中最庞大的家族——昆虫，接着，从鱼类发展成的两栖类动物也最终登上陆地，陆地开始成为动物的乐园。200多种灵长目动物主要分布在亚洲、非洲和美洲的热带地区；在草原，丰美的水草为草原动物们提供了优越的生存条件，这里的兽类主要以植物的绿色部分为食，斑马、黄羊、旱獭等是草原的主要成员。1.5亿年前，从爬行动物中的一支向着空中发展开始，直到今天，天空始终是鸟类的天堂。

三十多年前，当阿波罗十七号宇宙飞船带回从太空拍摄的地球照片，人们第一次惊奇地发现：我们所居住的是一个蓝色的星球。今天，我们对她有了更进一步的认识，人们在熟知这个蓝色星球的同时，我们更应该同她养护的每个生命和谐相处，让她依然保持那片独有的蓝色。

第二章

蓝色海洋

我们赖以生存的地球，是目前所知的太阳系里惟一有海洋、有智慧生命的星球，人类和大部分物种生活在只占地球面积三分之一的陆地和星罗棋布的岛屿上，还有上百万种的物种生活在海洋里。海洋像母亲一样孕育了生命,海洋又用她那宽广的胸怀和甘甜的乳汁养育了生命。大海是伟大的，因为她是一切生命的摇篮。

在地球的表面，大部分面积都被蓝色的海水覆盖着。可是在46亿年前地球刚刚形成的时候，它就如同一个火球，温度很高，剧烈的地壳变化引发了大地震和火山喷发。在它诞生的最初几亿年里，地球上的水很少，只有空中潮湿的蒸汽。后来形成海洋的这些水是从哪里来的呢?为什么说海洋是生命的摇篮,最初的生命形式真是诞生在海洋吗?

|生|命|的|摇|篮|

我们赖以生存的地球,是一个大部分被蓝色覆盖着的星球。在这个星球的表面，有71%由海洋组成，因此有人说，把地球叫做水球更贴切。在人类目前发现的行星里，只有地球上有如此浩瀚的海水。地球上的海洋是怎样形成的?海水是从哪里来的?对这个问题目前科学还不能作出最后的解答，这是因为，它们与另一个具有普遍性的、同样未彻底解决的太阳系起源问题相联系着。

在地球发展的早期，天空中水汽与大气共存于一体，浓云密布，天昏地暗。随着地壳逐渐冷却，大气的温度也慢慢地降低，水汽以尘埃与火山灰为凝结核，变成水滴，越积越多。由于冷却不均，空气对流剧烈，形成雷电狂风，暴雨浊流，雨越下越大，一直下了几百万年。滔滔的洪水，通过千川万壑，汇集成巨大的水体，这就是原始的海洋。原始的海洋，海水不是咸的，而是带酸性，又是缺氧的。水分不断蒸发，反复地形云致雨，重又落回地面，把陆地和海底岩石中的盐分溶解，不断地汇集于海水中。经过上亿年的积累融合，才变成了大体均匀的咸水。

总之，经过水量和盐分的逐渐增加，以及地质史上的沧桑巨变，原始海洋逐渐演变成今天的海洋。今天地球的表面大约有71%被海洋覆盖；如果有一个外星人到访地球的话，那么他有十分之七的可能会降落在海洋上。

科学家告诉我们，从海洋中出现最原始的生命开始，到现在已有40多亿年的历史了。从最初的单细胞生物，到地球上现存的最大的庞然大物蓝鲸，几十亿年的生命演化过程创造了丰富多彩的海洋生物世界。

40亿年前，在太阳能的作用下，出现了生命的最初形式。最初的微生物是单细胞结构的，即由一个细胞构成。就像蓝藻，它们在35亿年中都未发生过改变。

海洋中的蓝藻35亿年来未曾改变

一些有机体，像后来的海藻一样，向地球提供了氧气。

一些细胞不断变得复杂，于是出现了生命进化链中的第一个环节：衍生于海藻并以海藻为食的微生物。同时它们本身又是那些比它更复杂的微生物的口中之食。

这个时候发生在自然界中的优胜劣汰，成为最原始的进化。最适于某一个栖息环境的个体大量繁殖，其他的个体则消失了。在珊瑚礁上，每一处隐蔽所和裂缝都被个体占据着，这些个体时刻保卫着自己的领地。

海底世界

眺望过大海的人，可能对那碧波万里、水天相连的海面都有着很深的印象。那么海底是个什么样子，也跟海面一样迷人吗?

倘若沧海真的能变成桑田，我们将会发现，海底世界的面貌和我们居住的陆地十分相似：那里有比陆地更高的山脉，更深的海沟与峡谷，还有更辽阔的平原和喷发的火山。那些持续不断的板块运动和海底的延伸，形成了海底独特的地貌。

在海水覆盖的海底，有宽阔平坦的大陆架、倾斜的大陆坡，还有广阔的深海平原，有高耸起伏的山峦，绵长崎岖的丘陵，还有深邃的海沟和壮观的峡谷。海底就像陆地一样，地貌的类型丰富多彩。

海沟是海洋中最深的地方。它却不在海洋的中心，而偏于大洋的边缘。在全世界的海洋里约有30条海沟。

海沟的深度一般大于6000米。世界上最深的海沟在太平洋西侧，叫马里亚纳海沟。它的最深点为11034米，如果把陆地上的最高峰珠穆朗玛峰放进去，被淹没的山尖离海面还有两千多米；世界最长的海沟是印度洋的爪哇海沟，长达4500公里。

大洋下的海沟

全球最宽的海沟是太平洋西北部的千岛海沟，其平均宽度约120公里，最宽的地方远远超过了人们的想像。

陆地上的风暴人们可以经常见到，甚至还亲身经历过暴风雨的洗礼。然而，海底的风暴现象人们闻所未闻，更难以想像了。因为几乎人人都认为深海底下是一片特别宁静的地方，但近年来海洋科学家发现，海底并不平静，当海底风暴来临时就好似陆上沙漠尘暴的景观。海底风暴所经过之处，无论是爬行动物、植物，还是礁石都会被掩埋在沉积层之下。

大海，同陆地一样处于不断演变之中。经过几百万年巨大力量的作用才形成了海洋地形。原始的、惟一的联合古陆分离，形成了由海水相连的大陆。东非大裂谷是一个长达6400多公里的断层，宣告着非洲大陆分裂成两部分。那些巨大的断崖和深邃的倾坡便是可见的地表遗迹。其他断层的出现，如距吉布提不远的阿萨尔裂谷，宣告着一个新海的形成，这就是厄立特里海。

阿萨尔裂谷的出现，宣告一个新海的形成

非洲板块正无情地朝着欧洲板块移动。在几百万年内，地中海注定会在地球上消失。而远在600万年前，这里还是一片大沙漠，但是随着直布罗陀大断层的形成，一个相当于80个亚马孙河面积大小的新海诞生了。

火山岛是由海底火山喷发物堆积而成的。在世界海洋底部，还有那几乎贯穿全球大洋底的山脉和大裂谷，以及密集的火山锥与海山。海洋底部的地形，比陆地上要复杂得多。

火山岛按着属性可分为两种，一种是大洋火山岛，它与大陆地质构造没有联系；另一种是大陆架或大陆坡海域的火山岛，它与大陆地质构造有联系，但又与大陆岛不尽相同，属大陆岛屿大洋岛之间的过渡类型。

这片海域的深处有许多火山口，形成了一座绵延的山脊，长约800公里。在这些火山地区，冒出的气泡吐出350摄氏度高温的黑水，其中富含硫化物、锰、氧化铁，这实际上是一种温泉。细菌依靠其中的矿物成分的化学能成活，于是在这里形成一种原始的营养结构金字塔。围绕着这些火山口生活着苍白的海葵、深海贻贝、淡色的贝壳类动物和巨型爬虫。

夏威夷的珊瑚礁岛屿

夏威夷群岛位于北太平洋中部，由8个大岛和近100个小岛组成，群岛的生成与海底火山活动有关。夏威夷群岛是群岛中最大的岛屿，岛上的基拉韦厄和莫纳罗亚火山都是世界上活动频繁的火山。在基拉韦厄火山的山顶有一个巨大的活火山口，在活火山口的西南角有个翻腾着炽热熔岩的火山口，其中的熔岩，有时向上喷射，形成喷泉，有时溢出火山口外，形如瀑布。

马尔代夫是个典型的群岛国家，位于南印度洋中，接近赤道，距离斯里兰卡和印度大约六七百公里。

马尔代夫全国由一千多个珊瑚岛屿组成，只有200多个岛可以住人，其中近一半的岛屿已被开发为度假海岛，一个小岛就是一家度假酒店。

在领略了海底鬼斧神工的杰作之后，接下来我们将欣赏到海洋奇葩——珊瑚礁。那些晶莹剔透、造型各异的珊

马尔代夫海滨

瑚把热带海底装扮得五彩缤纷,也正是因为有了这些珊瑚,才使得热带海洋比其他海域更加斑斓,更具迷人的魅力。

在热带海洋,有一种特殊类型的岛屿,组成岛屿的物质不是寻常的石头和土壤,而是珊瑚虫的骨骼,这就是我们常说的珊瑚岛。

珊瑚岛,它是分布在海洋中水深较浅地方的一种石灰石堆积物,是由海洋中能分泌石灰石的多种动植物在生长过程中形成的。这类动植物,人们常称它们为造礁生物。

现代海洋中的海藻,在形成珊瑚礁中起到了重要作用,但起主导作用的是珊瑚虫。珊瑚虫是海洋中的一种腔肠动物,它能捕食海洋里细小的浮游生物为食。在生长过程中能吸收海水中的钙和二氧化碳,然后分泌出石灰石,变为自己生存的外壳。珊瑚虫一群一群地聚居在一起,一代一代地新陈代谢,生长繁衍,同时不断分泌出石灰石,并粘合在一起。

这些石灰石经过以后的压实、石化,形成了今天世界热带海洋许多岛屿和礁石,甚至在大洋上的一些海岛国家的全部领土,都是由小小的珊瑚虫经过千万年努力建造起来的。人们称珊瑚虫是海洋上伟大的建筑师。

海底珊瑚礁

海洋中的珊瑚礁分布广泛,类型繁多,像岸礁、堡礁、环礁都是这个大家庭中的一员。

岸礁生长在大陆沿岸和海岛周围的边缘地带,它的分布宽度从十米到百米,分布范围与形态,与沿岸水下地形特征和水深情况密切相关。岸礁石珊瑚生长发展的初期,一般规模较小,但它分布的范围较广。

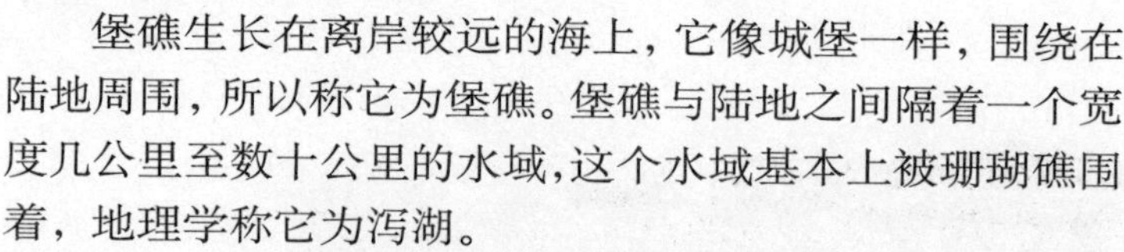

堡礁生长在离岸较远的海上,它像城堡一样,围绕在陆地周围,所以称它为堡礁。堡礁与陆地之间隔着一个宽度几公里至数十公里的水域,这个水域基本上被珊瑚礁围着,地理学称它为泻湖。

世界上最大的堡礁在珊瑚海的西北部,也就是人们常说的澳大利亚东海岸外的大堡礁,它从澳大利亚东北海岸一直向南延伸，断断续续长达2010公里，离澳大利亚大陆的距离为16—240公里。大堡礁水下景色非常美丽，被国际组织评为世界水域七大奇观之一。澳大利亚已把它列为国家海洋公园和海上自然保护区，每年吸引了世界许多游客去观光。

环礁在分布形态上与堡礁相似，但它不是围着陆地或在接近陆地的海洋里生长，一般是大洋中形成一个珊瑚岛礁群。发育完整的环礁，包括四周的礁环、中间的潜水泻湖和泻湖里的几个珊瑚岛组成。像环形那样分布的礁群，周边的直径从几公里到几十公里不等。如果从高空的飞机上向下看去，就像那抛向碧海上的一束花环，绚丽多彩。

海洋就像一个巨大的“蓝色宝库”，因为海洋里大约生活着18万种海洋动物和两万多种海洋植物，还储藏着大量的石油、煤以及丰富的矿藏资源。今天，我们的地球在养活着近60亿人口，人们生活所需的一切资源大都是取自陆地，随着人口的不断增加，陆地有限的资源已不能满足人们的需求，于是，人类又把目光投向了海洋。

海洋学家们曾做过统计，地球上的生物大约有上百万种以上，而在海洋中就有18万多种动物，2万多种植物。海洋中的生物似乎比陆地上的生物种类少些。但是，到今天为止，我们对于汪洋大海中的生物世界了解得还很少，根本不能准确地统计出海洋生物种类的数量。然而，我们可以肯定地说，陆地上有的生物大类，海洋中似乎都有。另外一个有趣的事实是陆地上植物种类比动物种类多，而海洋中则相反，动物的种类比植物种类多。

由于海洋环境要比人们想像的复杂得多，因此，一般的海洋生物的繁殖力很强，它们的求偶方式、繁殖、生殖方式，都非常巧妙。在海洋里，由于光线、压力、盐度、海流、潮汐、波浪、营养盐以及地质等条件的不同，形成了千差万别的生存环境。千姿百态的海洋动植物的生存和繁衍，正是它们适应了复杂多变的海洋环境的结果。当然，这种适应能力不是无限的，当环境由于外来因素发生突然变化时，不能适应的便会死亡。从另一个方面看，在众多的海洋生物群体之间，也有一个相互间适应的生存需要。这种互为依存的生存需要，是在食物链关系下生存的。这种关系经历了漫长的演变和进化过程，形成了相对稳定的结构，保护着生态平衡状态。在不同的海洋环境中，有着完全不同类型的生态系。这一个个生态系便组成了整个海洋的生态系统。

大堡礁海底图

在海洋里，各种动物都有自己的生存方式。它们跟人类一样，生活中也有追逐嬉闹，也有爱情，它们就是这样一代代繁衍生存了下来。

海龟的个头在龟类里是最大的，那悠闲自在的样子，又给它增添了几分可爱。

你可别小看了海龟，它可是充满七情六欲的家伙。海龟在恋爱季节，开始寻觅自己的恋爱对象，一旦发现目标，雄性海龟便对雌性海龟发起攻击，喋喋不休地向雌性海龟表达爱慕之情。

你们瞧，下面这幅图中的海龟已经进入蜜月了。

鲸在海洋里被称为庞然大物，因为它们有着硕大的身躯和上百吨的重量。你可千万不要以为它只是个傻大笨粗、头脑简单的家伙，在它粗犷的背后，也是一个深情缠绵的恋爱高手。

对已经进入蜜月的海龟

有时两只雄性鲸会共同追求一只雌性鲸。

雄性鲸在与雌性鲸摩肩擦背，尽显自己的温柔和体贴，以博得雌性鲸对自己的好感。

最后这只雌性鲸只能选

择其中的一只成为交配对象，于是，它们开始交配了。另外一只似乎还想做些努力，但最后还是知趣地走了。

鲸的恋爱与交配，就如同它的身体一样粗犷，巨大的交配漩涡将持续几个小时，从空中看下去，它们周围的海水波涛起伏，巍然壮观。

从空中拍摄的鲸

"蓝色的宝库"

海洋又是一个"蓝色的宝库"。在这个巨大的宝库里，蕴藏着80多种元素。

如果把整个地球上的海水加以提炼，可得到550万吨黄金、4亿吨白银、40多亿吨铜、137亿吨铁、41亿吨锡、27亿吨钡、70亿吨锌、137亿吨铝，另外还有大量的锰矿石，这些储量分别相当于陆地上的几倍到几百倍。

在海洋的深处，一个发现引起了研究人员的极大兴趣，这就是深海矿石。研究人员在太平洋发现储量最大的多金属矿瘤，这些矿瘤由围绕一个核心以同心层包裹成的一大块矿石构成。它的核心可能是一粒砂子，也可能是一块鱼骨，或一个空贝壳。矿石中含有锰和铁、镍、锌、铜、钴、钡——海洋深处是一处巨大的储备库，正是这座大型储备库可使工业发展继续几个世纪。

海洋里还贮藏着约1350亿吨的石油和约140万亿立方米的天然气。如著名的英国北海油田，我国的东海、南海也都蕴藏着丰富的石油资源。据科学家分析，将来有可能开采的石油资源，1/3在大陆，1/3在浅海，1/3在深海和两极。海洋将成为人们开采石油的重要基地。

海洋里为什么会蕴藏着这么丰富的石油呢?

原来，海洋里有数不清的生物和微生物。其中有居住在海底的珊瑚、藻类、软体动物及漂浮在海水中的浮游生物。它们繁殖很快，一年之内就能产生近千吨的有机质，这些是生成石油的原材料。

过去人们总认为石油在浅海处。随着深海钻井的出现，人们了解到，大陆架以外的深水海域也蕴藏着石油。

目前，在世界上发现的1600多个油气田中，已有200个投入了生产。

大海一涨一落地“呼吸”着。在这起伏动荡的运动中，潮水蕴含着巨大的能量，人们称誉它为蓝色的煤。有人做过计算，如果把地球上的潮汐都利用起来，每年就可以发电12400亿千瓦时。

浩瀚的海洋，生存着18万余种动物、2万余种植物。海洋动物具有562亿吨的生产能力。渔业每年可捕捞量6亿吨。

在辽阔而富饶的海洋里，除了生活着形形色色的动物之外，还有种类繁多、千姿百态的海洋植物。

海洋植物包括低等的藻类植物和高等的种子植物。藻类植物大小悬殊，最小的海洋单胞藻类个体微小，只有在显微镜下才能看见，而最大的巨藻可达二三百米长。

海洋植物是海洋世界的“肥沃草原”，它不仅是鱼、虾、蟹、贝海兽等动物的天然“牧场”，还是人类的绿色食品，更是制造海洋药物的重要原料。

海洋奉献给我们人类的财富，是无法用数字来估量的。自从海洋孕育出生命那天起，海洋就用她慈母般的关爱，来哺育所有的生灵。人类是海洋最大的受益者：从石器时代用燧石制作的鱼钩捕鱼为生，到人类祖先的大规模移民；从用树干制成独木舟，到今天的远洋货轮，无处不印证着人类依赖海洋、开发海洋的历史。海洋既是一部记录人类生息繁衍的古书，同时又是人类社会进步发展的见证。

像其他所有哺乳动物一样，人在生物进化链中处于从鱼进化来的两栖动物和爬行动物之上。人的血液中的含盐量为每升8克。这些盐分对人体来说是不可或缺的。但是，人类一诞生，就背离了大海。这些为土地所束缚的生物得花上多少万年的时间才能重返大海并适应大海呢？

有许多民族已近海而居几千年了，但他们从未对海中的财富进行过探索。人类往往被大海那凶猛的脾气所震慑。除了一种对未知的非同寻常的畏惧，其他的可能解释为什么海洋未经开发的合理因素便是大海看起来难以接近，因为它还有许多人类难以克服的困难和尚未揭开的奥秘。

另一方面，人类文明之初，某些民族便转而走向了红树林之中，这种对大海特有的畏惧既不源于陆地也不源于海洋。他们拥有了干燥的东西和能令他们安心的陆地，然而捕鱼仍像采摘浆果那样简单。莫桑比克沼泽般的海岸滋养着热带雨林，在雨林中，捕鱼为生的部族代替了打猎为生的部族。

海产品已养育了人类一百多万年。人类占据的地方遍布着鱼叉、船桨和从石器时代沿袭下来的骨制或燧石制作的鱼钩。从一开始，这些捕鱼器械既简单又实用，并且非常有效，至今仍有人还在使用这种古老的工具。

最初的波利尼西亚人的捕鱼传统已消失在时间的漫漫长河之中，他们以代代相传的技巧为基础。这些民族之所以能生存下来通常依赖于他们汲取海洋所提供的资源的能力。他们熟谙鱼性，并彻底了解海潮和海流，还熟知月亮运行和季节变换的影响。

大约数万年前，第一只小船出现了。第一只船的出现可能是一次意外事件的产物：有人掉进了水里，抓住了一根树干，他意识到树干可以漂浮在水面上。于是这个人便将树干掏空，增强了它的稳定性。

然而要想使船前行，必须给它驱动力：可能是聪明的古代先民在设法使船行进时发明了它，于是第一支桨便出现了。

玻利尼西亚人一直都在制造独木舟，或者叫独木船。下面的独木船就是由一根树干刻成的，它具有流线型的船体和一个防止翻船的平衡机械装置。

玻利尼西亚人在制作独木舟

岛上独木舟的使用寿命大约为20年，一旦使用完了，人们就会把它们丢弃在海滩上。独木舟是圣物。对这里的人而言，毁掉一只独木舟简直是无法接受的。

航海打开了人类旅行和迁徙之路。在公元前2500年到公元前500年之间，毛利人离开了马来群岛和印度尼西亚群岛，迁徙到南太平洋。他们是世界上最伟大的航海家。他们懂得如何借助于太阳、急流和星星；他们学会了通过观察候鸟的飞行来了解海浪的结构。这些“海上吉普赛人”，随时准备整理行装到其他地方安家。

没有哪个民族在这座星球上进行过如此大规模的移民。他们航行用的工具就是那些装有风帆和甲板的双体独木舟，样子就像今天的双体船。一次能运送50人，船上备有食物、农作物和动物，有了这些东西，他们就能在前往的新家园生活下去。

船的演变发展得很快。装有桨的大型划船最早是在希腊出现的，那时费阿刻斯人发明了带有双排划手的战船。优秀的商人们，泛舟穿梭在东地中海上。为了维护在该地区的垄断地位，他们创造了那些虚构的怪物：半狮半鹫的怪兽、鹰身女妖和海蛇。

早在18世纪，维京人就开始建造drakkar(帆船)，这标志着一种殖民工具的出现，他们发现的新世界的大量财富被装在西班牙那给人深刻印象的大型帆船上，带回了欧洲。到了18世纪出现了快帆船和汽轮，此后在19世纪出现了远洋定期客轮和巨型货轮。

很快，在航海时柴油机取代了轮船的蒸汽机。由于柴油机轮船可靠、经济，它被用来装运货物。这些船只性能的改进促进了不同文明之间的文化和商务交流。大海成为了人类发展的强有力的驱动力。

|开|发|海|洋|

随着人类对海洋认识的逐步加深，对海洋的开发也在不断深入，人类通过目前掌握的技术在对海洋进行着多方位的探索。例如现代医学在海洋寻找“医药宝库”；海洋学家们用人工繁殖的方法来发展养殖业；科考人员对深海的勘探等等。

人类积极地探索海洋就是为了能科学合理地开发利用好海洋，经济学家们曾预言，21世纪将是开发海洋资源最有作为的世纪。

十几亿年前，生命在海中诞生。即使在今天，大海仍在守望着人类，大海不仅向人类提供了丰富的食物源，同时也为我们提供了一座巨大的医药宝库。

人类药理学很多是使用海产品为基础的，科学已作出了众多发现，例如河豚毒素，河豚的一种分泌物，是一种效力为可卡因60倍的镇痛剂。

现在人们对海藻的治疗功用已了解很长时间了。实际上，在退潮时就可以收集到许多海藻，这大大鼓励了本土居民完全根据经验来使用它。

6 000米以下的海底世界

每年，大约有300种未知的海洋生物分子被人类发现。当考虑到仅有1%的海洋物种还有待研究，研究前景便很光明了。现在已出现了新式渔民，他们捕获的对象是海洋生物分子。

将这些海洋生物分子进行具体应用的研究还要持续若干年。在实验室中，研究人员对这些分子采样进行复制。除了提高研究人员研究工作的效率以外，化学复制品会保护深海的平衡免受过度集中开发的破坏。

有一种海藻灰可以用作抗生素以加速伤口的愈合——在青霉素发明前这些人早已知道这种用法了。现在它已被政府机构的科学家所确认。

海洋无脊椎动物，像寄生虫会为人类提供一种治疗癌症的新药吗？我们仍然不得而知，但是多年来研究人员猜测，它可能具有对肿瘤等病症的治疗作用，但是研究是需要时间的，这种可能性还远未被证实。

珊瑚虫也是一种无脊椎动物，它们的有机组织分泌一种外部石灰质骨骼。

如今，这种珊瑚石灰石被应用于面部外科手术中，其性质与人骨的性质十分接近。我们用它可以代替那些失去的骨头，以后会在这种植入物质周围会再生出新骨。到那时这种珊瑚物质会自然消失。

科研人员观察海洋生物寄生虫

珊瑚礁是海洋环境中最美的现象之一。在南海礁湖中布满了壮丽的山丘，由于海水清澈，一眼就能望见。

外科医生只是许多珊瑚使用者中的一员。一个单独的珊瑚礁集中了许多种植物和动物物种，通过一条食物链相互联系在一起。

在某些实验性鱼场，人工授精等实验已成为一项重要的科研项目。在新卡尔尼亚，在将虾放养后进入随后的孕育期前，小虾要逐个进行人工授精。他们让小虾白天生活在黑暗中，夜晚则进行照明。这种实验好像开始起作用了。这使得工人们可以在仍然尊重这种生物生命周期的情况下，选择适当的时间进行作业。

当水产养殖实验获得成功以后，捕捞业的奇迹便会发生。在加勒比海的马提尼克岛，人们集中地养殖鲈鱼。这些产业性养鱼场可以满足人们的需求，人们不再像传统捕渔业那样依赖于每天的捕鱼量。

在一家法国政府的海洋学研究机构，海洋生物的研究人员，向养鱼人传授关于鱼类生命周期的知识，以及如何根据鱼类固有生长规律、实时环境或水样分析对养殖环境进行监控。研究的目的是增加鱼的寿命和降低产品成本。然而在自然状态下，鱼实际死亡率通常为25%，在适宜的养殖条件下，其死亡率则可下降1%。

研究人员将传感器埋入鱼鳍下，通过传感器，人们就可以跟踪记录鱼鳍每一次的拍动情况。

如今，可以通过卫星等设备来确定较为理想的鱼场位置。但是这些鱼场提供的海类食品价格颇高，只适合一些发达国家的需求。在养殖某些种群的过程中，每消耗4公斤所谓的饲用鱼方可获得1公斤的养殖鱼，如沙丁鱼，这种鱼富含蛋白质，养殖这种鱼对与饥饿抗争的人而言，当然大受欢迎。

渔业的技术在飞速发展。就像是时光在我们还未觉察就已飞逝了一样。今天，正在探索深海的奥秘，这项探索与传统渔业相比，又是一种全新的概念了。

人类长期以来一直未能揭开深海的奥秘。人们相信没有光就没有生命。在20世纪50年代末，加勒希西亚探险队发现在海底无穷无尽的黑暗中，的确有生命存在，但水压也是令人难以置信的。在6000米的深度，每平方厘米的压力为600千克。然而从此处便进入了海底王国。对科学家而言，这里是一个全新的世界。

一项新的探索就此开始了。在我们这座星球上，海洋深处是一种最恶劣的环境。这里没有昼夜之分，没有季节，也没有潮汐。在20世纪60年代，人类开始使用自动装置进行深海探索。发现了60种以前未知的物种。如今这一数字已达到260种。

鹦鹉螺(号)能在下潜到97%的海底进行探索。海底生物仍是未解之谜。植物不能在低于海平面200米深度内存活。

在低于海平面6000米深处的海水中，只有一些食肉动物和食腐动物。这里几乎没有什么食物，那些正闷头享用一只死鲨鱼的类似螃蟹的动物，花了几小时才发现了这么一点儿可怜的食物。

造物主给四分之三的青灰色的透明深海生物赋予能发亮的器官，海底被那些聚光灯照成一个色彩斑斓的世界。于是，在一些古老神话中就出现了有关海怪的传闻。

经济学家预言：21世纪将是海洋的世纪。“海洋水产生产农牧化”、“蓝色革命计划”和“海水农业”将构成未来海洋农业发展的主要方向。

“海洋水产生产农牧业”就是通过人为干涉，改造海洋环境，以创造经济生物生长发育所需的良好环境条件，同时也对生物本身进行必要的改造，以提高它们的质量和产量。海水养殖业在21世纪将向高技术产业转化。

广阔无垠的海洋是自然界赐予人类的一个巨大的资源宝库。

海洋是如此富饶，它可以为人类提供食物、能源、矿物、水源、化工原料乃至于广阔的空间，当今人类所面临的一些能源问题，几乎都可以从海洋中找到出路。

人类要维持自身的生存与发展，最为切实可行的途径，就是充分利用地球上这块最后的资源宝地。因此，海洋科学技术目前已成为世界各国争先发展的高科技领域，在21世纪，它必将成为人类最为重要的高科技领域之一。

21世纪，人类将进入一个大规模开发海洋的崭新时代。

深海科学考察

海洋是人类的宝贵财富，我们除了懂得如何利用它，还应知道如何来保护它。只有保护好了我们的母亲，才能报答她对我们的养育之恩；也只有保护好了这个最丰富的资源空间，人类才能更好地维持自身的生存和发展，让海洋更好地造福于人类。

第三章
南 极

如果在地球上任何两个不同的位置，只要始终不变地沿着相同经线向着正南方向前进，最终必会相聚在一点，这个点就是南极的极点。同样沿着相同的经线向正北方前进，最终也会相聚在北极的极点。

第三章　南　极

在南极这个地球上遥远而又孤独的大陆上，一望无际的雪原、常年不化的冰雪，还有严酷的奇寒一直将人们拒于千里之外，可是南极绚丽的极地风光、奇特的生物群落、丰富的能源储藏，又吸引着无数的人们去探索。

南极这块令人神往的圣地一直以来就是无数探险家的终极目标，1772年12月英国航海家库克第一个踏上南极大陆，吹响了人类探索南极大陆的号角，从此南极不再是一片孤独寂寞的地方，世界各国的探险家、科学考察队也纷纷来到了南极，在那里设立了科学考察站，进行气象、冰川、海洋及生物等方面的研究。中央电视台科教频道的极地跨越摄制组在经过数月的精心筹划之后，从北京起程开始了探访南极的征程，让我们跟随他们一起去领略南极独特的极地风光。

2002年12月16日，“极地跨越”摄制组登上了南极的1276飞机。按照飞行计划，这架飞机应该是在18天前飞往南极点，因为在南极点的气候情况非常不稳定，经常出现极地风暴，这架飞机已经延迟了两个多小时了。

由于南极点气候瞬息万变，去那里探险风险极大，每个去南极点的人，都会跟有关方面签一份协议，这已经成了一个规矩，协议里面的主要内容，是对你在南极可能遇到的一切，概不负责。

这次航线，摄制组从智利最南部的蓬塔雷纳斯起飞，经过火地岛，然后穿越德雷克海峡，然后从长城站所在的南设得兰群岛过来，经过亚历山大岛，进入文森峰地区，就是爱国者山脉。文森峰是南极的最高峰，海拔4900多米，摄制组在文森峰脚下，适应一段时间，再继续向前飞，飞到南极点。

南极大陆，年平均气温是零下25摄氏度，1963年7月22日，靠近南极点的前苏联东方站，曾测到南极最低温度是零下89.2摄氏度。在这样的低温下，一块钢板从空中掉在地上，就会摔得粉碎。南极大陆如此寒冷，南极冰盖起了决定性作用，当太阳光照射在冰雪的表面，有90%又被反射回天空中去。此外，南大洋常年不化的冰冻海冰，和终年刮着强劲的西风，阻碍了空气同海水之间的热量交换。南极一些区域，科学家们称为不可接近的地区。南极的风，被称为杀人风，据澳大利亚的资料统计，从1984年到1987年间，在南极死亡的16人中有11人死于暴风雪，一个队员从一个建筑物到另一个建筑物去，两地相距仅30米，由于突遇暴风雪，迷失了方向，后来发现他死亡的地点，离出发地不过10米。南极每年8级以上的大风日，就有300天，前苏联和平站曾记录到每秒50米的强风，记录的代价是一座观测站的房屋当场被摧毁。1972年，澳大利亚莫森站观测到的最大风速为每秒82米，相当于12级台风的2.5倍。暴风卷走了飞机，200公斤的大油桶，像鸡毛一样抛向空中，法国的迪尔维尔站，曾测到风速达每秒100米的飓风，这是迄今为止世界上记录到的最大风速。

冰天雪地的南极

经过50多小时的飞行，飞机降落在海拔3000米左右的爱国者山营地。摄制组将在这里做短暂的适应性休整，然后换乘较小的DC3飞机。由于气象条件稳定，摄制组休整后，继续飞往南极点。

又向南飞行了1300公里，摄制组终于到达了南极点。

这个南极点是多少基地科学家梦寐以求的地方，它是一个科学的圣地，同时也是地理上的一个绝对的境界。也就是说地球上所有的经线，在摄制组的脚下收拢成为一点，在这儿，既没有方向，也没有时间，也就是说，既不分东西南北，也不分阴阳昏晓，因为时间在这儿，突然就放慢了，放慢了365倍。也就是说，一年的时光，在这儿只是一天一夜，白天有6个月，黑夜有6个月。在这儿呢，周围水平的方向，全部都是朝北，没有东，也没有西；南呢，从理论上讲，也没有，应该是在脚下或者是

考察队员在南极点，图中圆杆即南极点标志

天上，垂直的方向是南。

在极点，摄制组拿出了从国内带来的司南，陪同摄制组的美国工作人员吉米拿出了全球卫星定位仪。就是说古老的发明和现代的仪器，都可以工作，都是在指着同一个方向。

吉米把最先进的GPS卫星定位仪拿来了，还有他常使用的指南针。摄制组带的也有指南针，是最古老的指南针，也就是中国古代四大发明之一的司南。在同一个点上，不管是古老的东西，还是现代的东西，都指着同一个方向。

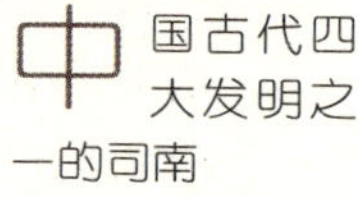
中国古代四大发明之一的司南

寻找到这个南极点，是非常不容易的一件事情。挪威的探险家和英国的探险家阿蒙森和斯科特分别在89年以前，历尽千辛万苦到了这个地方。斯科特和他的5个同伴，在回去的路上全都冻死了，献出了生命。

1911年，挪威探险家阿蒙森和英国探险家斯科特，打了一个赌，他们约定同时出发，看谁能成为第一次到达南极的英雄。斯科特选择的路线使他陷入了困境，罗斯冰架的冰渣很快就扎烂了他带来的西里西亚白种马的马蹄，结果人拉雪橇成了他们无奈的选择。阿蒙森则选择了在鲸湾登陆，这条路虽然要远一点，但是相对比较安全，同时，狗拉雪橇，也使他的征程非常顺利。1911年12月14日，阿蒙森和他的队员到达了南极极点，第一个摘取了征服南极极点的桂冠，人类的足迹，第一次踏上了南纬90度的冰原。一个月零三天后，斯科特探险队才拉着他们的雪橇，筋疲力尽地来到南极点。在回去的路上，不幸再次降临到斯科特的身上，又是在罗斯冰架，他们遭到了暴风雪的袭击。这是斯科特探险队在罗斯冰架上搭建的帐篷，当时他们已经被暴风雪围困了十几天，食品也越来越少，为了让伙伴们能够活着走出去，一位队员脱下了自己身上的衣服，盖在了睡熟的伙伴身上，自己悄悄地走出帐篷，走进了暴风雪里，但是肆虐的暴风雪，仍然没有给斯科特探险队任何机会，最后，斯科特探险队的队员们，在这座帐

1911年斯科特等人考察南极

篷里，全部遇难。

到底南极的范围有多大？界限又如何划分，科学界众说不一，1959年12月1日，12个国家在华盛顿签订了《南极条约》，条约中把南纬60°以南的所有海洋和陆地，统统划分到南极的区域内。根据生态、气候、海洋及大地构造分区，南极的面积将包括8900万平方公里的广阔区域，超过全球表面积的六分之一。由于南极长期处在低温的环境下，终年不化的冰雪和移动的冰盖造就了南极独特的地质地貌。

在南极发现的木头化石

南极是地球上最美丽的地方之一，在5亿年前，它是和印度、南美洲、大洋洲处在同一个超级大陆上，叫做纲瓦纳古陆，后来，这个大陆分裂开，2400多万年前，和南美洲断离后，温度极度下降，变成永久的冰雪世界。南极也是世界上最冷、最干燥、风力最大的地方。

海洋地壳岩石

南极的冰盖，是由于年复一年的下雪堆积挤压起来的，由于它自身的重量所以变成了冰，而且冰的颜色是蓝的，所以叫做蓝冰。它与普通冰的结构相比有些不同，密度更大一些，中间的间隔之间加入了很多冰里头含有的空气。蓝冰是看不见的，因为上头有几百米厚的雪。蓝冰在随着南极冰盖运动时，遇到了山以后，它就走不了了，走不动以后，它就爬起来了。

冰的颜色是蓝色的

南极98%的表面被永久性冰雪覆盖，使人们无法了解这块大陆真正的面目，但也有少数的山峰，刺穿2600米厚的冰盖，成为傲然挺立于白色世界之上的冰原岛峰，向人们展示冰下世界的秘密。爱国者山，就是南极大陆交界处的一系列冰原岛峰。这里夏季最高温度在零下10摄氏度左右，除了白雪，就是蓝冰，但是这里的冰，却与大片蓝冰不一样，好像是冰雪融化以后，又重新冻结成的新冰，所以叫做融冰水潭。这是由于历史上的气候比较温暖的时期，阳光照射在暗色岩石表面上，使局部温度升高，地表冰原截面的冰雪缓慢融化、渗透、汇聚在低洼处，融水便会聚结成冰。大小气泡层层叠叠，美丽异常。在这里，科考人员见到古老的海洋生物化石，还有可能见到更多重

美丽异常的南极蓝冰

要的岩石标本。

爱国者丘陵有很多岩石种类，在这里发现了一块木头化石，这个木头化石说明，以前的南极，曾经是很温暖的地方，这个地方有树，有草，有花，这个木头化石产生的年代应当是6亿年左右的时候。另外像海洋地壳的岩石，它不是大陆地壳的岩石，说明在这个地区，以前曾经经历过很大的构造地质事件，比如说大洋的俯冲、大陆和大陆的碰撞等等才把这种大洋的岩石，送到了现在的山上。另外这些砾岩，代表一个沉积的地区，抬升成为陆地，然后接受剥蚀，接受河流这种粗的沉积。这些岩石刚好说明，现在整个南极半岛和爱国者山，过去是和整个南极横断山是在一起的，也就是说，威德尔海打开之前这两个山是合并在一起的，是连在一起的，所以这个岩石就说明这个问题。当然了，后来威德尔海张开了，因为太平洋板块的俯冲，和南极板块的相互作用，这儿又出现了很多火山爆发，所以也就有了火山岩石。

爱国者山营地，是国际探险网络组织于1988年设立的，它位于南纬80度，西经81度的南极内陆冰盖上，是南美大陆南端与南极的航空中转站，具有组织、运输、训练、避难、救援等各种后勤保障功能，营地必须严格遵守南极条约体系和马德里环境保护公约的各项规定。

日常的垃圾，都将从返程飞机上带回去，包括人类垃圾、蔬果垃圾、机械垃圾、工业或车辆用剩的汽油等等，所有在这里使用的一切都带走，在这儿除了一种被科考人员叫做灰水的废水，可以留下来以外，不能在南极留下任何垃圾。灰水就是指人们洗脸、洗盘剩下的水。

砾岩

营地的卫生间，是用雪砖支架，和尼龙布建造的，对于人体排泄物，营地要求在排泄时，将固体和液体分开。在下一个风暴到来之前，科考人员抓紧时间用营地的一架小型飞机进行航拍。由于机舱狭小，必须把舱口的座椅拆掉，只有这样，摄影师才能立在舱口，把身子探出舱外航拍。飞机上几乎没有什么保险措施，摄影师只能把自己连在后边的椅子上。

南极是现今地球上惟一没有国家、没有常住居民的大陆，那里的生存环境几乎是最恶劣的，因此被视为“生命的禁区”。在茫茫的南极大陆上，有的只是一望无际的冰雪世界，酷寒的气候，比台风还强劲的极地风暴，一年中的365个日日夜夜在这里变成了一个白天和一个黑夜。考察队员们在克服这些困难的同时，还要忍受这里无边的寂寞和孤独。

一声长长的汽笛声打破了这里的沉寂。

沉寂了一个冬天的长城站，终于热闹起来，为这里补充给养的南极雪龙号考察船终于到达了。

雪龙号远远地停在站区外的锚地，800多吨的补给品，要用小艇往返运输，摄制组准备乘坐小艇到船上采访时，遇到了一件有趣的事，因为落潮，小艇在码头搁浅了，站长叫来了推土机，把小艇推入了大海。有2100吨装载能力的雪龙号，是我国目前最先进的极地考察船，是集运输和科学考察为一体的大型破冰船，曾经八下南极，一上北极。在雪龙号上，有一支有18名科研人员组成的极地考察队，对环南大洋做海洋物理学、海洋化学、海洋生物学和海洋渔业等多个学科的现场考察。这是我国十五计划期间，极地科学研究的重要课题。对南极的研究，是人类和平利用南极的第一步，从19世纪以来，人类就开始了对南极的考察。我国的科学工作者，从1981年开始进行考察，为此付出了几十年的心血。

我们国家的极地考察起步于（20世纪）80年代初期，1984年到1990年为建站时期，1990年以后是科考时期，这一时间主要完成八五、九五的科学考察计划，对极地的考察主要是极地气象、极地冰川、极地地质等学科的考察。

“雪龙号”的舰载直升机在长城站

右边这幅图里的直升机，是雪龙号上的船载直升机，它将载摄制组对长城站附近地区进行航拍。

由于特殊的地理位置和气候条件，南极成为世界上无与伦比的“天然实验室”，20世纪初，日本、苏联、美国、英国、法国、澳大利亚等开始陆续建立一些观测站，使人

类的活动出现在南极。1985年建成的中国长城考察站就设立在南极的乔治王岛上。

中国长城南极考察站

长城站是中国在南极设立的第一个科学考察站，它位于乔治王岛的南端，在南纬62度12分59秒，东经58度57分51秒，虽然不在南极圈内，但按通常的划分，这里已经算南极的一部分。长城站的旁边，是克林斯港湾，但长城站的人，更喜欢把这片港湾称为长城湾，任何一个南极站点的建立，先决条件都必须要有可靠的生活水源，位于长城站后山的这个小湖，长城站人把它称为西湖，这是整个长城站的命脉，所有长城站的生活用水，全靠它来提供。从西湖往下的第一栋房子，是长城站的发电楼，或者按照长城站传统的称呼，叫做发电栋，这是整个长城站的动力源泉。在长城站这片小小的天地里，数以百计的中国人，已经在这里默默经营了17年，为中国的南极考察打下了深厚的基础。

从空中拍摄的南极冰原

1984年12月26日凌晨一点，正是南极长明不夜的夏季，中国南极长城站筹备队来到了南极。

奠基石，像一把钥匙，一把插入南极的钥匙，一把打开科学大门的钥匙。

寂静的乔治王岛上，顿时热闹了起来，有铁锹铲土的声音，也有铁镐敲击木桩的声音，长城站筹备队员们把长城从中国延续到了世界尽头的最南端，各种建站物资从船上源源不断地运到岸上，几吨重的大宗物资，则由海军航空部队的直升机运到陆地上。1985年2月20日，长城站在乔治王岛举行了隆重的落成典礼。智利、乌拉圭、俄罗斯等科考站，都派人参加了这次盛会。队员们专门在站前立了一个木牌子，上面站着一只企鹅，上面写明了从长城站到北京的距离和方向。春来冬去，如今这块牌子，依然挺立在长城站的前面，但是它的两旁，又多了两根木桩，长沙、兰州、呼和浩特、齐齐哈尔，这一块块牌子，正是长城站18年历史的最好记录。

中国南极科考船“雪龙号”

每年年底的时候，长城站都会经历一次交接班，刚完成越冬任务的上一届队员陆续离开，由新一届的队员来接替，2002年来长城站接班的已经是第18次队了，在摄制组到来时，第17次队的队员大部分已经离开，新一届队员，也已经大部分到站。12月底的南半球，已经进入盛夏季节，长城站却依然是风雪交加。

长城站的“路标”

目前，新队员正在熟悉各种设备和工作环境，迎接他们的将是一个悠长的漫漫长夜，长达6个月的极夜。在老队员离开后，他们将独自面对各种情况。对他们来说，未来的日子既兴奋，又有不可预知的诱惑。

新一年度的队员目前已经到任，正在熟悉各种设备的性能和使用方法，在未来的两个月内，新旧队员将要应付除日常工作以外两件大事，一是每两年来一趟的补给船雪龙号马上就要到达，大批物资将需要进行装卸。另外，过完年，马上就要动工的新发电楼工程，他们也需要提供机械援助，要等这两件艰巨的任务完成后，已经坚持一年的老梁，才可以功成身退。

智利站正确的名称叫做佛雷总统站，建立于1969年，是整个乔治王岛上最大的国家站点，抵达智利站，摄制组首先拜会了站区的负责人盖洪中校，他是智利空军的现役军人，现在除了担任站区空军司令职务以外，同时也负责整个佛雷总统站管理工作。

乔治王岛有一个传统，就是由智利站每年在8月份组织一场小奥运会，所有这个岛上的国家站都派人来参加，有中国、智利、阿根廷、乌拉圭、俄罗斯还有韩国和波兰一共是7个国家。这里可以打网球、排球，有一个篮球场，还可以踢室内足球，6人制的室内足球，还有乒乓球，中国队经常赢乒乓球的比赛。

智利“佛雷总统”南极考察站

由于南极大陆的大部分区域被冰雪覆盖，仅有5%的地方没有被冰雪覆盖，

这些区域被称为无冰区或白色沙漠里的绿洲，是南极陆地、海洋生物的主要栖息地。有着绅士般风度的企鹅憨态可掬，同样在南极海域也生活着成群的海鸟、海豹、鲸鱼，它们给本来寂静孤独的南极大陆带来了勃勃生机，它们是这里真正的主人。

鸟类是南极边缘地区种群比较多的生物物种，总数大约有45种，在一些鸟类当中，数量比较多的有信天翁、海燕、贼鸥、燕鸥等。

摄制组的报告人田野，为了试试南极海水的温度，非常勇敢的毅然下海。寒冷的气候，使田野在水中的姿势，显然有点缩手缩脚，让田野手忙脚乱的却是一只从天而降的贼鸥，南极的鸟类一般与人无争，和平共处，除非像贼鸥一样，认为你侵犯了它的地盘。数量最庞大的和最具有代表性的动物，恐怕非企鹅莫属，它们占南极地区鸟类总量的90%以上，总数超过2000万对。

飞翔在冰山旁的南极鸟群

据长城站人员介绍，就在长城站对岸不远的一个小岛上，有成千上万的企鹅在那里栖息，长城站的人，都习惯的把它叫做企鹅岛。岛上一共有三种企鹅栖息，它们包括帽带企鹅、金图企鹅和阿得利企鹅，在摄制组靠岸的这个海滩上，主要活动的是金图企鹅。橙红色的嘴，是金图企鹅最独特的标志。在南极企鹅中，金图企鹅的数量较少，仅次于帝王企鹅，大约在30万对左右。来自国家海洋局第二海洋研究所的王子磐教授，曾五次来过南极，专门研究南极鸟类和人类活动对南极生态环境的影响。

企鹅的一家

据王教授介绍，南极夏季是企鹅的繁殖期，一般说企鹅在九月底十月份就开始在这个地方活动了。冬天企鹅到海滨边缘去寻找食物，这个地方比较暖和，它回来得比较早一些。产卵期一般是11月份到12月份早期，12月份初基本就是它的孵化期。从12月中旬那些来得早的企鹅，在12月份上旬可能就把小鸟孵出来了。12月中旬刚孵出的小鸟长得很快，到一月份的时候，它的个体可以长得和大鸟一样，甚至比它的父母的个体还大。

去乔治王岛的西海岸，首先要翻过一座雪山。跋涉约一个小时以后，摄制组终于来到乔治王岛的西海岸。与长城站所在的东海岸相比，这里显得风急浪高，在海面上分布着被海浪严重侵蚀的岩石，更显出这里的几分恐怖，从这里的海岸往外是分割南美洲和南极半岛的德雷克海峡，咆哮的风浪，成为分割两个大陆最重要的天然屏障。

海豹是南极地区普遍的大型哺乳类动物，是南极生物家族中一个重要的成员。这种温驯的动物，从19世纪初开始，就成为人类大规模猎杀的对象。人们为了获得它的皮毛和油脂，不远千里来到南极地区。据考证，有超过三分之一的南极岛屿，实际上是由这些远航到这里的海豹捕猎者首先发现的。捕猎者的疯狂猎杀，使海豹在19世纪末几近灭绝，幸好20世纪初，各地相继制定保护海豹的法规，才使海豹免遭杀绝。

南极不仅有成群的企鹅、海鸟和鲸，那里也是地球上惟一一块没有被污染的“圣地”，可是近些年来的温室效应带来的全球变暖、冰川融化以及南极臭氧空洞也同时向人类发出了警告，人类在自我发展的同时也应同样注重环境的保护、资源的合理开发。

研究地球的过去和将来，南极就是一个理想的地方，沉睡千百年的南极大陆总有一天要为人类作出巨大的贡献。南极的明天是属于整个人类的！

第四章

北　极

一望无际的雪原，曲折蜿蜒的海岸线，时而出没的白色大熊，淳朴剽悍的爱斯基摩人，他们一起构成了北极。这片大自然鬼斧神工的创作是目前被保留的最原始的风景。这里有着众多不为人知的自然现象，奇异丰富的生物群落，气势恢宏的万米冰川……

对于地球这样一个球体来说，哪里算是尽头呢？人们找寻到南极点的时候，发现南极点的前后左右都是朝北的地方。现在推而论之，如果要问北极点在哪儿，那就是前后左右都朝南的地方。当然，这仅仅指的是地理极点而已，也就是地球自转轴与固体地球表面的交点。和南极不同，北极没有陆地，北极的极点是在浮冰上。所以到达北极点的难度就增加了许多。

中央电视台“极地跨越”摄制组将带领大家一同走进神秘的北极点。

向北极进发的行程，是从美洲大陆最北端城市巴罗开始的。摄制组要到达的第一站，就是位于北纬74度的北极村雷索卢特。距雷索卢特要飞行3个小时，中途要经过一个名为黄刀子的城市，飞机要在这里加油。这个城市的名字，来源于当地的土著人过去曾使用的用铜片制成的锋利刀子。再次登上前往雷索卢特的班机前，摄制组发现有一位中年日本妇女，捧着一束鲜花，等着登机。雷索卢特在这个季节没有植物，带着这样的鲜花到那里，一定有着特殊的含义。据了解，她名字叫和野顺子，她的丈夫是日本著名探险家和野兵矢，去年这个时候，和野兵矢在徒步从北极点往美洲大陆方向行走时遇难。从黄刀子向北飞行，机舱外是白茫茫的一片，阳光照耀下的金灿灿的黄土，仿佛已经成为记忆中的事情，飞行近两个小时后，摄制组终于到达了位于北极群岛的雷索卢特。

雷索卢特是加拿大最北部的小镇，它实际上就是一个村庄，整个村庄坐落在一个月亮型的狭长的岩石地面上，在夏季的两三个月里，冰雪融化之后，就可以看到远处的蓝色的海湾。现在这里一共有200多村民，其中大多数是以打猎为生的因纽特人的后代，但是，他们打猎的方式和用具已经大大改变。在小小的村落中，孩子们在雪地中玩耍的现代化雪地摩托成为摄制组最初看到的北极村的独特风景。

北极村——雷索卢特

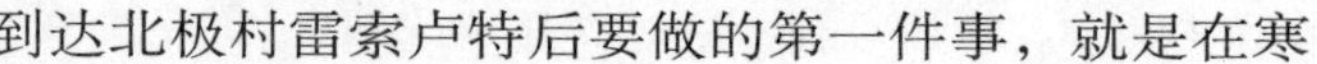

到达北极村雷索卢特后要做的第一件事，就是在寒

冷的早晨，前往村后山丘上，寻找因纽特人居住地的象征——因纽特石堆。

因纽特石堆是因纽特人居住地的象征

爬上并不高的山丘，比摄制组想象的要困难得多。因纽特石堆是关照那些远离家乡的因纽特猎人的指路牌。这里的石堆，已经被风雪所吹倒。在导游比德的带领下，这些来自中国的客人，在北极村的小山顶上，重新搭建了新的因纽特石堆。

因纽特人离家在外的时候，就会用这个石堆。因纽特人将石堆堆在一些地点，或他们很容易看到的地方，这些石堆就成了他们出门在外时指明方位的路标。他们去很远的地方，回来的时候，就可以利用这些石堆标记。有时候因纽特人，还用石堆捕猎动物，他们经常找一些没有出口的峡谷，将猎物赶进峡谷，因纽特人在峡谷上面的岩石上摆放石堆，从远处看上去很像是人。猎物以为上面还有更多的因纽特猎人，就不敢往上面跑。用这种方法，因纽特人就可以很轻松地捕到猎物。这种方法是因纽特人一代一代传下来的。

雷索卢特来源于一个英国皇家船队名称，名为雷索卢特的船队，在1845年来这里寻找一名探险者，后来受政府号召因纽特人在这里建成了雷索卢特村的最早雏形。

从公元前4世纪开始，人类就开始把目光投向北极，2000多年来，一批又一批的探险者，向这块北冰洋无人区推进，寒冷、饥饿、冰裂和暴风雪，曾吞噬无数探索先驱们的生命。1909年，美国探险家皮尔里，和几个因纽特人到达了北极点。人类对北极探险和地理发现的制高点被征服，然而现代探险家的梦想却从未停止过。

摄制组将飞往北极点，顺子和其他日本朋友们，特地到机场为我们送行，临行前，顺子交给我们一束鲜花，希望我们能把它带到北极点，那个曾经令和野和无数探险家魂牵梦萦的地方。窗外起伏的山峦提醒我们，已经向北又靠近了10个纬度。飞行三个半小时以后，我们到达了北纬84度的尤利卡，飞机就在这里加油，同时，尤利卡气象站的人，要在这里为我们9个人送上前往北极点的给养。临时放置在露天的一排排油桶，已经由尤利卡气象站的人准备齐全，但是要给飞机加油，必须大家一起动手才能完成。

摄制组乘坐的双水塔式飞机，每次只能加205升的油，每飞行五六个小时，就需要给飞机补充燃料。尤利卡在过去是美国空军向格陵兰岛和北极地区运输物资的中转站，它建于1947年，后来为了研究气候的需要，又在这里建起了加拿大最北端的一个气象站，但这里依然保留有加拿大的军事基地。我们到达尤利卡的当天，就遇到了刚刚在这里下飞机来这里轮值的加拿大士兵。尤利卡气象站位于离军事基地两公里外的尤利卡峡湾的岸边，这里只有一排排房子孤零零坐落在茫茫的白雪当中。与过去研究气象目的不同，由于越来越多的新公司，都在尝试飞跃北极的航线，所以，小小的尤利卡气象检测和数据工作，在现代的生活中，就显得越来越为重要。摄制组跟随尤利卡气象站的气象专家，前往固定的指定地点收取雪样。气象学家们在尤利卡的另一项工作，就是在每天早上和晚上释放这种收集气压风向和温度的气球。他们把收集来的数据，通过网络传输给蒙特利尔的气象中心。道别了尤利卡，摄制组再次踏上了前往北极点的征程，这将是摄制组前往北极点的最后冲刺。

北极尤利卡村一角

飞机上所有的人，都在等候着最后时刻的来临，但是每个人心里都明白到达这一时刻的难度，真正的北极极点位于北冰洋海面的冰面上。这里没有陆地，变化起伏的冰面为飞机的降落造成了极大困难，需要极高的飞行技术和良好的降落条件才能降落，摄制组的飞机反复落下又拉升，选择不同的地点尝试降落。

摄制组7点钟到达北极点的上空，转了整整一个小时，飞机已经开始爬升了，也就是说现在我们无法在北极点降落了。

冰天雪地的北极

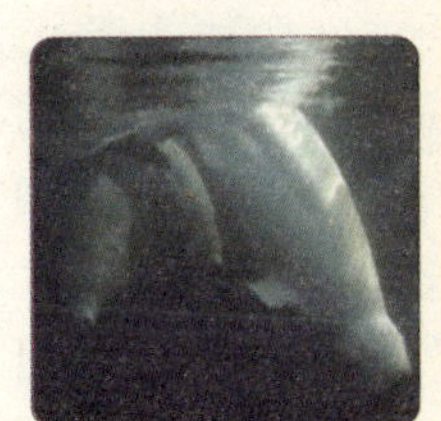
生活在北冰洋的白鲸

北极海鸭

白鲸群

据机长说，不能降落原因主要是天气已经开始破坏降落地点的能见度，当飞机发现降落地点的时候，天气还比较晴朗，可以降落，但是也很可能发生事故。

在北冰洋的冰面上降落，叫做日光降落，以日光照射在冰面上形成的投影来判断冰面的起伏是否平坦。在摄制组刚到达北极点的时候，天气还允许降落，但是在寻找降落位置的七八分钟之内，天气忽然变化，詹姆斯机长决定另外寻找平坦的冰面降落。飞离极点十几分钟后，摄制组终于降落在足够坚固的冰面上给飞机加油，晶莹剔透的北极就在摄制组眼前。尽管行程万里，心存遗憾，但是每一个人依然为自己拥有这样一份艰险的经历感到满足。在白雪皑皑的银色天地中，他们将自己的心扉和热情，融化在中国人走世界、中国人看世界、中国人说世界的壮举之中，融化在留下无数难忘记忆的极地跨越的征程之中。

其实，人们通常所说的北极并不仅仅限于北极点，而是指北纬66° 33′，也就是人们通常所说的北极圈以北的广大区域。北极地区包括北极区北冰洋、边缘陆地海岸带及岛屿、北极苔原和最外侧的林带。如果以北极圈作为北极的边界，北极地区的总面积是2100万平方公里，其中陆地部分占800万平方公里。也有一些科学家从植物种类的分布来划定北极，北极地区的面积就将扩大两倍。不过一般人习惯于从地理学角度出发，将北极圈作为北极地区的界线。

这片土地看似白雪茫茫、一片苍凉，其实它并不是那么单调，它依然充满生命的魅力。

北极的自然资源十分丰富，寒冷的气候，使北极地区生存着许多特有的动物，如北极熊、北极狐、麋鹿、驯鹿、海象、海豹以及珍奇的茸鸭等。冰海或者冰原使北极圈内的动物几乎都具有特殊的本领，每当夏季，日照北移，阳光洒到结冰的海域的时候，这个冰天雪地的世界，就会盛情款待那些地球上最难被人类看到、了解到的动物。在方圆几百公里的地方，没有其他什么人，这的确有一种生疏的感觉，近乎于原始状态。北极上的生物圈，处于一种微妙的平衡状态，一切看上去，都与繁花似锦的春季很合拍，当太阳把空气变得温暖起来，冰封的海面开始融化裂开，海水开始通向可以提供食物的北极大地，对于这些迁移的动物来说，每年都有几个星期，这些水域会变成迁移路中补充食物的最佳航线。在迁移过程中，它们会有规律地向北进发，直到遇到完整的冰面，才稍作休息。即便是身形魁伟的大头鲸也来寻找食物，冰裂下储藏着这个季节丰盛的食物来源。探查这些刺骨的深水区，是探险家阿伦的本职工作。冰面上的世界风雪交加，声音嘈杂混乱，像个巨大的漩涡，突然从冰层上面来到这个极度平静、处于失重状态的冰下世界，就好像是失足掉进了一座黑暗的屋里，在冰冷的北极水域下面，有着与热带相似的色彩和极其丰富的生物。你会有种感觉，在冰面下，海洋无论从距离还是空间上讲都是广阔无边的，冰下的世界层次不一，深浅各有不同，在浮冰和开放水域结合的地带，是最容易发现海洋哺乳动物的地方。远处成群的白鲸彼此呼喊，并能听到它们的叫声，这些体格健壮的家伙，大口地喷着气，在水中运动嬉戏，在同伴面前展示自己，它们真是棒极了，它们的外表是多么的完美，线条多么的流畅。

当大量海鸟在水域上方飞来飞去的时候，一只海鸭光顾了这里，海鸭的潜水技能简直令人难以置信，为了捕捉到海里的鱼，它们的潜水可长达3分钟，深达90米，它们就像是南极的企鹅。可是，海鸭到这儿来的目的，却不单单是猎取这些食物，它们要飞往位于蓝喀斯特海峡一个人迹罕至的岛屿，它们将在那儿生儿育女。摄影师在白鲸每年都经过小港湾的时候搭建了一个小塔台，白鲸们会直接游入浅滩处，在岩石上磨掉身上的老皮。为了捕捉它们蜕皮的镜头，阿伦不得不坐在狭小的塔台里，塔台被涨起的潮水包围着，他在里面一呆就是六七个小时，虽然塔台狭小又寒冷，但是摄影师拍出来的画面，却让人耳目一新。在这个夏天，有900头白鲸从阿伦的眼皮底下游过，在白鲸群中，有许多小白鲸夹杂在白鲸里面，简直太令人难以置信了。

北极狐

在利奥波的王子岛，幸运同样降临了，一时间，北极减弱了它的控制力。在这里，巍耸的岩壁上生活着海鸭家族，要拍摄它们非得有点想像力才行，除此之外，还要有勇气。北极的风很大，风是打在身上，而不是吹在身上，如果你稍不注意，就会被风从绝壁上猛吹下来，真的从300多米高的悬崖上掉下来，根本不可能活下来。但是，对于摄制组来说，他们依然在努力地工作，他们把重75公斤的设备仔细地固定在绝壁边缘，悬崖上的碎岩石像雪片一样纷纷剥落下来，摄影师冒着危险，用广角镜头从上面扫过，那精彩的画面就是从绝壁上垂直向下鸟瞰的崖壁。

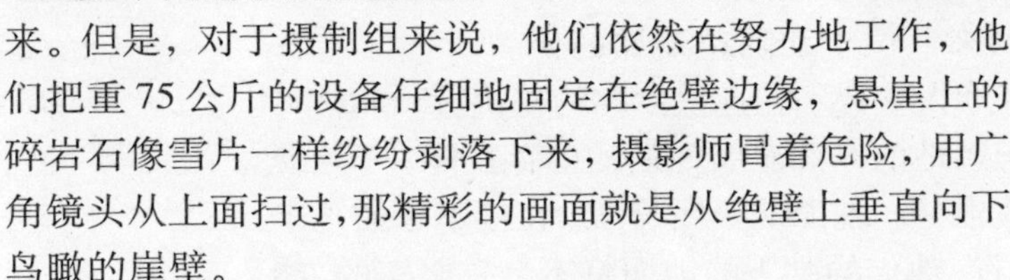

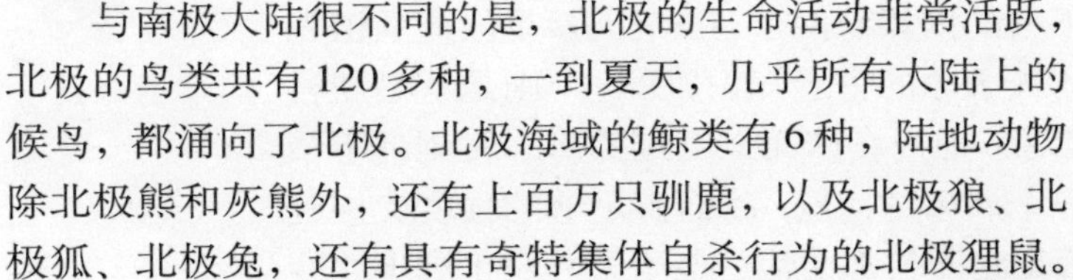

与南极大陆很不同的是，北极的生命活动非常活跃，北极的鸟类共有120多种，一到夏天，几乎所有大陆上的候鸟，都涌向了北极。北极海域的鲸类有6种，陆地动物除北极熊和灰熊外，还有上百万只驯鹿，以及北极狼、北极狐、北极兔，还有具有奇特集体自杀行为的北极狸鼠。

生活在北极地区的海鸟

对于鸟类王国来说，北极是其活动的中心，生活在北极的鸟类主要有三类，其中涉水琴鸟约有43种，鸭、鹅等猎鸟20多种，海鸥及信天翁等30多种。

没有什么困难可以和在北极实际生活经历相提并论，去过的人，都还想着再去，北极将永远和人类在一起。那是一个艰苦而富于自然美丽的地方，同时拥有令人难以置信的神奇和美丽，它激发了我们的灵感，使我们对它充满了崇高的敬意，感到自己是那么的微不足道。如果你去过北极，曾经感受到北极的魅力，你一定无法抑制重回那里的冲动，那儿太迷人了！

如果要追寻人类通往北极的足迹，则应当从远古时期说起。据资料记载，人类最早进入北极地区的时代可上溯至旧石器时代。当时的穴居原始人出于寻找猎物的本能而到达过北极圈。大约18000年前，地球上最末一次冰期抹去了早期人类活动的绝大部分记录。

而冰期极盛期以后，随着天气回暖一些古人类重新北上，如欧亚大陆上的西伯利亚人和拉普人，美洲大陆上的古爱斯基摩人。后来新爱斯基摩人又来到这里，虽然几经动荡，他们却从没有离开过北极地区，因而成为北极地区当之无愧的主人。

爱斯基摩人在吃海豹油

几个世纪以来，位于北阿拉斯加的伊努皮亚克爱斯基摩人学会了在这里生存的秘诀。每年春季，他们就会在冰天雪地的洋面施展他们的生存技能，开始继续他们传统的追求——捕杀北极露脊鲸。在接下来的几个星期，甚至几个月，他们的脚下的地面将不会是坚实的。能够使他们生存下去的因素有两个，一个因素是他们从祖先那里继承下来的关于冰的古老知识，另一个则是从最新科技派生而来的信息。他们在冰面上度过的每一时刻都不禁使人担心这样一个严肃的问题：冰面有足够的强度支撑起他们吗？一个否定的回答都会让这些猎人葬身于脚下冰冷的海水中——就像他们的先人一样。里查得·格林既是一名伊努皮亚克捕鲸者，也是一名地质学家和研究冰的科学家。他毕生的工作就是了解这些冰原，在冰原上求生。

格林：“这块冰可能已存在一个星期，它的温度很低，而且正在生长。考虑到这些因素，你就可以放心地在这块薄冰上行走。如果它受暖并正在变薄，你就不能把它当作安全的东西来对待。如果你未能正确的估计和辨别它们给你发出的信号，冰就会成为你的敌人。如果你不试图去理解它，它就会成为一个非常可怕的敌人。”

爱斯基摩人捕猎海豹

捕鲸者被陡峭的冰块拦住去路。这些冰块是由互相挤压在一起的巨大海冰块形成的，就像山峰是由陆地错位的板块形成的一样，捕鲸者必须用手开辟出一条道路。

格林：“我认为，大多数人不知道有多少冰是相互作用在一起的。它就像牙接的积木。你会遇到造山运动，这时，两块并相互连接在一起。你会遇到塌陷现象，这时，一块冰在另一块冰的下部消失。这种情况发生得非常快。”

这种不间断的冰体运动使冰面上产生无数的裂缝。这些裂缝有些是稳定的，而另一些却是不稳定的……随时都可能进一步开裂。如果队员们在一个错误的时刻穿过一条不稳定的裂缝，他们就有可能被留滞在浮动的、不断融化的冰块形成的岛上，漂向大海。在离安全的海岸一公里半的地方，捕鲸者们来到一条他们认为是活动的裂缝跟前。这条裂缝是冰层中出现的一个较大的结构性裂缝，他们不敢跨越它。他们将他们的大本营设立在这里，这里恰好是在危险的边缘。帐篷周围是大片的不可饮用的海冰。一个没有经过训练的猎手会很容易渴死在这里。要找到宝贵的淡水是需要经验的。孩子们被派去寻找淡水冰——这是历代相传的求生秘诀。这样的冰可以被融化，为队员提供饮用水。这一堆冰正处在脱盐的初级阶段。盐水正在从中脱出。

冰裂缝

格林:“这些类似于钟乳的东西是将冰块提升到某个压力水平时从冰块中脱出的第一批液体。随着压力的增加，盐水开始从冰块的底部渗出。如果温度继续升高，所有的盐水将完全脱出。这些东西将融化，而不是像钟乳石一样永远悬挂在这里；这时，你就获得了一块被脱盐的海冰。”

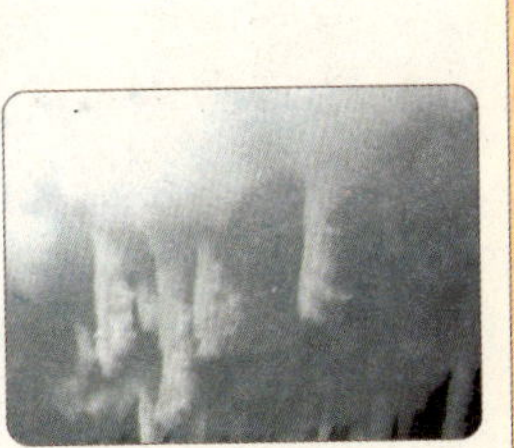
形状酷似钟乳石的海冰

掌握脱盐方法只是里查得·格林揭开冰的秘密的一部分。他还定期地对包含有若干层晶体的冰进行取样并研究它是由什么组成的。

格林:“典型的海冰晶体结构中都具有其形成过程的痕迹。冰的晶体大小对它的强度具有很大的影响。晶体的方向也会影响方向上的属性。所有这些对我们来说都很重要。”

格林能够分析冰晶体的强度，新结的冰一般强度较弱，它的晶体是不规则的，但随着时间的推移，海流和压力将会使这些晶体变得具有更规则的线条。因为有组织的结构，使老一些的冰一般都更结实，为捕鲸者们提供更加牢靠的支撑。

一旦帐篷搭建起来，捕鲸队员将会在原地呆很多天。

他们都特别注意门外的裂缝，观察判断裂缝的活动情况是一种古老的技艺。捕鲸队的叉鱼手阿里克斯·欧卡科克仔细地检查裂缝内部冰的厚度。如果出现新冻结的冰，则说明裂缝不稳定。他将一个物体抛入冰中，通过这个办法，他可以确定下面海流的方向。

欧卡科克：“我们可以通过观察这根线来确定罐的运动方向，进而确定海流的方向。海流在向北流。”在这个地区，北向的海流趋向于使裂缝并拢，对这些捕鲸者来说，这是一条好消息。

通过遥感技术所拍摄的卫星图片

因为涉及这么多人的生命和这么多的设备安全，现代的捕鲸者仅靠传统的方法是不够的。气象学家们采用新出现的遥感技术为冰拍摄卫星照片。

盖瑞·胡福德：“我们每天凭借两颗卫星进行大约十二次的拍摄。这样，我们就有机会观察并跟踪冰的移动情况。我们在这里看到的是什么？这是某一点的情况，这些较暗的断裂带是冰层中的深沟或裂缝。这些深沟的存在是由许多因素决定的。如果我要作一次海冰预测，我需要考虑天气的因素。”他们利用天气测量气球来测量大气压、温度和风的参数。

通过地区天气信息和卫星图像的综合，科学家们能够制作出海冰预报图。通过密码系统，预报图可以指示出冰层薄弱的地点以及裂缝会加剧的地点。猎人们可以从互联网上下载这些图形并将它们用于预测哪些裂缝会进一步加大并形成水沟。这就是他们将要发现敞开水面的地方——当然，还有鲸。

格林：“这个地区标有字母‘I’，它代表着敞开水面，也就是水沟。这个水沟扩展开来只是时间早晚的事。这些冰将全部消失……被分离出去，所以，他们的预报是准确的。它终将会发生，只是什么时候的问题。”

对于捕鲸队来说，判断前进的时机是至关重要的。对条件的错误估计可以是致命的。确信脚底下的冰能够支撑起他们时，捕鲸队开始向前进发。离开裂缝地带，将安全抛在脑后，他们奋不顾身地向敞开的水面作最后的冲刺。猎杀开始了，捕鲸者们将他们的设备拖过将水和他们隔开的高坡。老者道："那下面有水，伙计！过来看看！我们快到那儿了，伙计们！好了，我们马上就要成功了。"儿童："啊，我看到了！真酷！"从坚实的地面出发，经过七英里半的路程，队员们终于到达水的边缘。他们周围的冰正在破裂。这是主要的猎鲸地点。十几个队员站立在边沿，等待着猎物的到来。

根据国际法规定，这些伊努皮亚克人被允许在每年春季捕杀50头左右的濒临灭绝的海鲸。他们被认为是生活性捕鲸者，而不是商业性捕鲸人。这个季节的第一头鲸在离海岸10英里的海里被猎杀，尽管是一头形体较小的鲸鱼，但它的体重可达30吨左右。十几个人一起使劲只能将它移动几英寸的距离。将这头鲸鱼从海里拖曳到坚实的冰面上，整个过程消耗了一整天时间。

伊努皮亚克人捕鲸

一旦它被移到陆地上，人们应立即将它进行屠宰，否则，它的肉很快会变质。多少代以来，新鲜的鲸鱼肉一直是伊努皮亚克人生活的主要来源。在摄制组完成这次捕鲸行动拍摄之后的几天里，北极的冰显示出它可怕的威力。这些捕鲸者身后那条30公里长的裂缝从远处的海岸分裂开来。142名捕鲸者被遗留在漂浮的冰块上，不能返回安全的地带。在更早的年代里，如果发生这样的事情，这将是一场巨大的灾难。但是，当今的伊努皮亚克捕鲸者们可以依靠现代的科学工具和传统的办法，全球定位设备可以确定他们在海面漂浮的位置。在类似的场景中，直升机将全部的捕鲸者连同他们的设备吊回到陆地。安全回到家中，整个社区都在分享来之不易的胜利成果。

鲸鱼的任何部分都没有被抛弃和浪费。通过对冰的了解和尊重，伊努皮亚克人在这片条件恶劣的大地上生存了数千年。今天，现代科学工具更增加了他们对冰的知识，客观上也增加了他们的活力。但是，每年冰的形成各不相同，因此，传统的知识不能丢掉。

格林："海洋、冰层和劲风的威力，整个体系的强大威力是令人不寒而栗的。房屋可能被吹走，船只可能被吞没。冰不仅仅是凝固的水、不仅仅是冻结或固化的雪。它是一个活动的体系……它就像活的、呼吸的动物。"冰就在我们的周围。它是一种既是朋友又是敌人的自然力。

随着北极的地理发现，一些国家很早就开始了北极的科学考察，但是北极的大规模科学考察时代，开始于1957～1958年的国际地球物理年。当时12个国家的10000多名科学家在北极和南极进行了大规模、多学科的考察与研究，在北冰洋沿岸建成了50多个陆基综合考察站，在北冰洋中建立了许多浮冰漂流站和无人浮标站。北极大规模的科考由此展开。2002年我国也在挪威建立了第一个北极科考站。

北极科考一直吸引众多的科研工作者，而北极冰川的研究又成了近年来北极科考的热点。

对冰的控制意味着要对它的许多神秘之处进行探索。增加对这种自然力的了解的渴望推动了对世界冰冻地区的科学探险。在我们的星球上，百分之十的土地是被冰雪覆盖着的，我们需要从中了解的东西有很多很多。极地的海冰随着季节的变化而扩大和缩小。在南半球的冬季，南极洲周围的冰层以每分钟22平方英里的速度扩展，冬季南极洲扩大的面积相当于美国面积的两倍。在春季，它融化的速度是结冰速度的两倍。通过对这个世界的探索，科学家们发现海水中冰的形成具有许多不同的形式。

北极海冰图

起初，它只是一层薄薄的晶体，人们把它称为油脂状冰。随着空气的进一步寒冷，这层油脂状冰便开始变厚。波浪将它折断成一半美元硬币大小的小冰块。小冰块开始增长。1米宽，2米宽，10米宽。直到扩展至1公里宽的浮冰。科学家们发现状似贫瘠的海冰其实蕴藏着无限生机。在海冰形成过程中，它的晶体网络捕获大量的被称为浮游生物的微生物。浮游生物养活细小的磷虾——这个大洋中主要的物种。这些虾状甲壳类生物以在没于海水中海冰表面上捕获的浮游生物为生。磷虾是维持海洋中所有其他生物的食物链中最基本的环节。

科学家们将仪器下放到冰层下几千英尺的海水中，并采集到不同深度的海水样本。将这些样本与其他地区的海水样本相比较，科学家们就能够跟踪深海海流运动的轨迹。分析表明，来自极地冷流使我们的地球得到冷却，并将养分分配到地球上的所有大洋中。

冰是一种基本的自然力，它维系生命、冷却我们的星球，并提供不可或缺的淡水。科学家们担心，在全球趋于变暖的条件下，地球上的冰可能会融化，海水水位会因此而提高，地球的生态平衡会受到破坏。过去一个多世纪以来，海平面差不多以每10年半英寸的速度升高。科学家们正在试图确定在这些海平面的变化中，融化的冰川起到多大的作用。

冰川学家丹尼斯·特拉班特在为美国地质勘测院研究这个课题。特拉班特认为，“如果地球上所有的冰川都发生融化，则可能使海水水位提高150米”。这是非常可怕的。如果是这样，佛罗里达州的绝大部分土地将被海水淹没。路易斯安娜州的大部分土地也将消失。许多科学家认为，人类的活动，主要是温室气体的排放可能应对全球变暖负部分责任。他们不同意这种变暖现象是由自然气候周期引起的。研究人员正在研究对大冰原和海水高度进行研究，以期发现对地球产生压力的迹象。

每年，美国地质勘测院的冰川学家们都会飞到北美洲的山地冰川地区，探索它们的重要迹象。他们想知道地球上的一些小型冰川是否正在萎缩或扩大。如果存在某种趋势，他们希望随着时间的流逝对这种趋势进行确定。30年来，科学家们一直坚持对位于阿拉斯加的沃夫林冰川进行彻底的勘测。沃夫林是世界上的三大基准冰川之一，之所以这么说，是因为它们的状况，据认为，这些冰川可以反映世界上所有山地冰川的状况，因为它们不断发生变化，因此，对本·肯尼迪这样的冰川学家来说，这些大块的冰构成一种巨大的挑战。

气势恢宏的北极冰川

肯尼迪："这座冰川根本不是一个惰性的物体，它并不仅仅是一动不动地呆立在这里的一个巨大的冰块。每一年它都在移动。这座冰川内的动力确实比较复杂。"

尽管这座冰川自上个冰河时代就一直耸立在这里，构成冰川冰块的历史却只有约150年。这说明，冰川的冰块都是不断更新的——冰块的存留取决于冬季降雪积存和夏季冰雪融化之间的平衡。如果新形成的冰与正在融化的冰之间失掉平衡，则冰川的总体冰的容量就会出现增长或减小，主要表现在三个位置：上层，这是新的冰形成的位置；地层，这是冰融化的位置；中部，也称平衡线，这是冰块增长或减小的位置。

这些小型的基准冰川之所以被选择，是因为它们的大小适合研究人员的活动。就拿沃夫林冰川来说，它的长度约为7公里。即使是步行，冰川学家们也可以很容易地跨越它。科学家们到达位于这座冰川中部的第一个勘测地点只用了两个小时的时间。在每一个勘测地点，他们必须确定前一个冬季降在冰川的雪中存储的水量。他们采用在雪地上挖掘雪坑的办法来确定其中的水量。从雪坑的顶层开始，他们向下每隔一段距离就采集一次均匀的样本，以便记录雪的重量。

肯尼迪："随着我们向下深入，我们会发现这些雪的密度变得越来越大，一般来说，我们取出的这些雪柱会一个比一个重。"

最终变成冰川新的冰层的是这些更深、更密实的雪。爱德华边挖雪坑边说："这里是去年冻结的冰……"

肯尼迪（在雪坑中）："我们现在看到的是去年的夏季冰面。这是一个冰面，而我们在这里看到的雪是去年残留在地面上的第一场雪。我们从这些雪柱朝上看，到雪柱的顶层，其厚度几乎达到三米。这个雪柱的顶层是去年降下的雪。在这个季节对这个雪柱进行研究是非常重要的，因为到融雪季节结束时，整个雪柱都会全部消失。”

如果全部的积雪都被融化，则新的冰层就不会形成。如果冰川较高层的雪以及此处以下的雪都被融化，那么这整个冰川的总体冰容量将发生萎缩。这时，冰川就会出现问题。冰川的融化不仅仅使海平面抬升，它们还是饮水、农牧业和发电所需的淡水的冷冻宝库，它们的消失将使我们只能依靠上天的雨水。本·肯尼迪发现沃夫林实际上真的在萎缩。

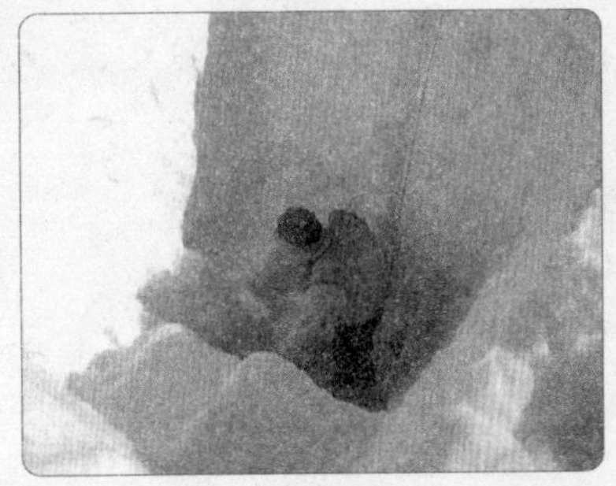

科考人员在冰坑中观测

肯尼迪："沃夫林冰川在年复一年地失去一些容量。现在，无论你是否觉得这是一个特别长远的趋势，我们只有关于沃夫林冰川的三十年的记录。从漫长的冰河时代的角度来说，这只是一个很短的记录。"

沃夫林冰川可能反映了一种不祥的全球趋势，但冰川萎缩是一种因人类活动而引起的近代现象，还是长期回暖循环的一种症状，这仍然是人们争论的焦点。为了化解这个争论，冰川学家可能要在未来的若干个世纪对冰川进行定期的勘察。

人们在进入这个白色的世界时，不仅带去了人类的好奇和勇气，同时也带去了科学与理性的精神。北极对于我们来说不再是那么陌生和遥远。

第五章

地球第三极

从1492年，哥伦布首航发现美洲大陆开始，人类进入了地球地理发现的时代。这个阶段持续了400年。到20世纪初期，地球上的所有地方都被绘制出地图，其中只有三个地点虽然被人所知，但没有人去过。它们是被称为极地的“北极”、“南极”和地球上的

最高点——珠穆朗玛峰，珠峰因其特殊的地理意义而被称为地球的“第三极”。

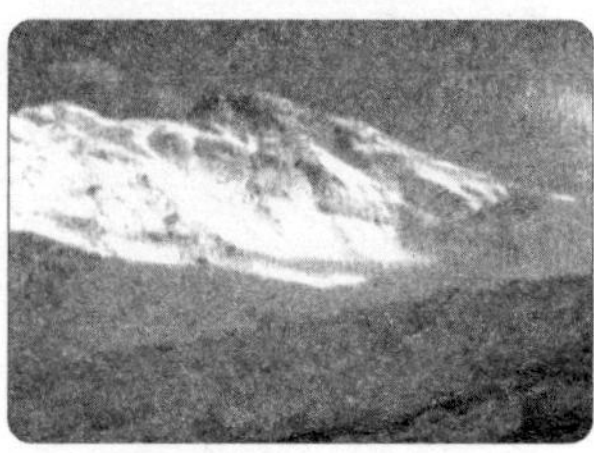

各种角度的珠峰英姿

2003年5月为了纪念人类成功登顶珠峰50周年，中国中央电视台对中国珠峰登山队的攀登活动进行了全程直播，珠峰又一次这样近距离地展现在我们眼前。

珠穆朗玛峰是喜马拉雅山脉的主峰，地处中国和尼泊尔边界的东段，它的北坡在中国西藏定日县境内，南坡在尼泊尔王国境内。珠峰以8848.13米的高度成为世界的最高峰。直到1953年，人类才终于站在珠峰之巅，这时，距离中国人首次发现珠峰并把它标注在地图上，已经相隔232年了。

上个世纪的某个时候，考古学家在喜马拉雅山脉中发现了海洋古生物的化石，其中一种形状奇特的生物被考古学家命名为喜马拉雅鱼龙。这时候学者们还发现了另外一个非常有趣的现象，那就是世界最高峰的珠穆朗玛峰峰顶岩石实际上就是海底最常见的石灰岩。

|地|形|与|地|貌|

是地壳运动造成了这次巨变。

就在几百万年前，亚欧板块和印度洋板块撞在了一起，亚欧板块昂首压在上面，高高隆起，缓慢地上升，世界第一高峰诞生了。

现如今珠峰地区已经看不到半点海的影子，8848米的第一高度让它孤独而又骄傲地挺立在群峰之中；世界第四高峰洛子峰在珠峰南面，双峰挺立仅隔三公里；世界第五高峰马卡鲁峰就在珠峰的东南面，西北面则耸立着世界第六高峰卓奥友峰……放眼看去，海拔在7000米以上的高峰在这一地区就有40多座。

如果有机会从空中俯瞰珠峰，这个魁梧的家伙就像一个巨型金字塔。东北山脊、东南山脊和西山脊之间夹着三大陡壁：北壁、东壁和西南壁。现如今珠峰每年还在以1.27厘米的速度增高，是大自然的力量造就了珠峰这一奇迹！

在珠峰南坡，人们会看见绿树、雨水，感受到绿色和湿润；印度洋吹来的海风，扑面打在了珠峰的南坡上。从南坡上珠峰，就像从赤道走到北极，每个气候带的风景都被演示了一遍，海拔1000米时，是热带；2000米就变成了亚热带；海拔渐高，气候变凉，暖温带、温带从身边一掠而过。当看到雪山冰漠，这时的海拔高度已到了5000米。

而北坡，是荒原和沙石，一片冷寂。喜马拉雅山脉挡住了印度洋暖湿气流，使得珠峰的北面犹如另一个世界，最强烈的感觉是干燥。所以北坡的气候相对南坡简单些，5000米以下是高山草原、草甸气候带，到处可见片片草原，从5000米往上走，都是雪山冰漠。

珠峰每年还在以1.27厘米的速度在增高

海拔5000米，巨大的冰川出现在面前。南坡是孔布冰川，北坡则是绒布冰川，相比较而言，绒布冰川要平滑得多。抬头往上，还能看见许多巨大的悬冰川，点缀在山脊之间。

在绒布冰川的冰舌部位，有一簇簇美丽的冰塔林，有的高约三四十米。世界上只有珠峰的北坡，才有如此规模的冰塔林，是北坡的干冷造就了这种奇特的景观。

在它的周围还有冰蘑菇、冰桥、冰洞等。冰洞形成于冰下河道，里面全是冰，这些精湛艺术品的作者，就是我们身边的大自然。

从北坡再往上，到达海拔7000米左右的高度，这是一个非常特殊的地方，登山者把这里称为北坳。

北坳位于珠峰和章子峰之间，海拔7007米。尽管绝对海拔很高，但在珠峰和海拔7543米的章子峰的映衬下，北坳却只是一个山谷。

在每年的登山季节，珠峰地区都会吹起西风。当西北风吹来时，受到珠峰的阻挡，风只能从狭窄的北坳出口向东，如同进入一条狭窄的管道，管道越狭小，风速越猛烈。导致在北坳上方海拔7400米至7500米间，产生了一个大风口，平均风力高达10级。在海拔7000多米处刮起的10级大风的威力可想而知，不要说设置营地，就是走路都勉为其难。

更糟糕的是，这里的大风会使人体感到异常寒冷。1960年，中国登山队在第三次适应性行军时，在大风口发生了比较严重的冻伤事件。狂暴的大风迫使登山者必须一口气爬完这段艰难的山脊，所以有经验的登山者几乎无一例外地在北坳建立一个营地，通过一夜时间的休息来恢复体力，这样的话通过大风口就安全得多了。

1960年国家登山队队员刘连满回忆说，“当时地形也比较复杂，因为它是冰雪地带，变化比较大。那时候就是有个冰胡同，必须通过那个冰胡同，特别狭窄，只能上一个人，有的时候上这个冰胡同，一个人在那背着东西，咋上也上不去，因为他背的东西太沉，爬软梯也不行。最后实在没办法，我们把冰镐固定以后，先把背包一个一个地拉上去，最后人才上去。从早晨一直到下半夜两点多钟，大队人才上完这冰胡同”。

南坡海拔8000米的地方，有一个南坳，对登山者而言，从南坡登顶前的最后一个营地会设在这里。

从南坳到顶峰，沿东南山脊上攀至8750米，是东南山脊最后一道难关——希拉里台阶，一块陡直光滑，高达12米的岩石。登山者都要借助高性能的绳索才能通过。

艰难地爬过从突击营到顶峰这一段，登山队员将站在世界之巅。放眼望去，如果天气晴朗，可以看见360公里以内的群山连绵。

在200年以前，人类对山的看法和我们现代人是完全不同的，那时候地球上绝大多数人类都把山作为崇拜的对象。这种崇拜甚至从人类文明一开始就产生了，在古代的平原地区，人们普遍认为神仙是住在山上的。因为那里很神秘，而在靠近山的地方人们干脆直接用神的称呼为山来命名。在高原居住的藏族人就把他们可以看见的最高的山峰命名为女神。

当初为这座山峰命名的人并不知道这里是地球的屋脊，更没有想到珠穆朗玛这个名字会闻名全世界。今天地球上所有的登山者都无一例外地把珠穆朗玛峰作为自己最辉煌的攀登目标，迄今为止，已有1600多人登上了珠峰。但是，海拔8848米，峰顶平均温度在摄氏零下40度，平均风力十级左右，以及严重缺氧的恶劣环境，使得珠峰在很长一段时间内被视作登山者的禁区。

|登|山|路|线|

1953年5月，英国登山队向珠穆朗玛峰发起挑战。登山队从尼泊尔一侧出发，经孔布冰川，沿着洛子峰南坡向上，越过海拔8000米的南坳，从珠穆朗玛东南山脊向上攀登，路途的艰难完全超出了队员们的想象，原定登顶的队员在中途放弃了登顶计划，而作为后备队员的新西兰人

牦牛队运送登山物资

希拉里和尼泊尔人丹增则选择了继续前行，并在5月29日登顶成功，最终在珠穆朗玛峰顶上留下了自己胜利的脚印。

这次前无古人的成功，使他们走过的路线成为经典，至此东南山脊路线成为公认的珠峰南坡传统路线。

自从1921年开始，英国人曾经7次从北坡向峰顶发起冲击，均以失败告终，特别是在1924年6月，英国人马洛里和欧文从北坡上山，一去不回头，队友们伤心之余写下这样的话，“这是一座飞鸟也无法越过的山峰，从北坡攀登更是一条无法攀登的死亡路线”。

1960年5月，中国登山队离开5200米的基地营，经中绒布冰川与东绒布冰川的中碛向东，翻越7007米的北坳，沿着东北山脊向上，艰难地翻越了第一、第二、第三台阶，在5月25日成功登上顶峰。在希拉里和丹增从南坡登上珠穆朗玛峰7年之后，中国队打通了北坡路线。这条由中国人打通的北坡攀登线路也成为攀登珠穆朗玛峰的传统路线之一。

其实从南北两条线路攀登珠穆朗玛峰都有很大的难度，而南坡更喜欢给人一个下马威，在印度洋暖湿气流的影响下，南坡气候湿润而且降水多，冰崩和雪崩时有发生。6200米以下，是著名的孔布冰川冰瀑区，这个地方到处都是巨大的冰裂缝。只要小心翼翼地走过这一段，后边的路相对就显得轻松了许多。

珠峰的北坡乍一看，好像面善得多，汽车送登山队员到绒布寺，下了车就站在了海拔5000米上。6500米以下，坡度和缓，气候温和，一旦跨过6500米，北坡就露出本来面目。从6500米到7000米，是北坳的东坡，坡度平均50度左右，是冰雪地区，地形复杂，有许多巨大的冰裂缝，并有冰崩、雪崩的危险，最令人头疼的就是7450米的大风口，平均风力高达十级。

北坡登顶悬崖处的“中国梯子”

北坡的另一个难点是接近峰顶时的三个台阶。每个台阶都是悬崖，尤其是第二个，直上直下，靠近顶端的4米将近90度，要想攀上去真的有如登天。1960年中国登山队在这里搭了人梯，越过了第二台阶。在1975年中国队第二次登珠峰时，在这里竖起了四节金属梯子，它被叫做“中国梯子”。

除了这两条传统路线之外。1963年，Tom Hornbein从“霍恩拜茵岩沟”打通北壁线路登顶；1975年英国登山队打通西南壁登顶路线；1979年，前南斯拉夫登山队员从西山脊登顶成功；1983年，美国登山队从难度最大的东壁登上了珠穆朗玛峰，人类挑战珠穆朗玛峰的“三脊”“三壁”都获得了成功。

至今，人们曾经尝试过的登顶线路已经有40多条。

现代登山运动已经发展成一个巨大的产业，有经验的登山家开办了各种探险咨询公司，作为向导收取巨额费用，带领登山者到达他们梦想的高度。

近几年，每年大约有1万多名登山者和旅游者来到珠穆朗玛峰。但是轻便的装备、已经固定的绳索和先进的天气预报，都无法使珠峰变得更安全。自1953年以来，已经有700多人永远地留在那里，他们是因为雪崩、裂缝、滑坠或者恶劣的天气等原因而遇难。即便是最有经验的登山者，也没有什么诀窍可以躲避稀薄的空气。

|高|原|缺|氧|

我们无时无刻不在消耗氧气，如果没有氧气，地球也不会成为太阳系中惟一有生命的星球。

随着海拔不断升高，不仅温度和气压在降低，大气中的含氧量也降低了，有几个高度人们要特别关注一下：海拔超过3000米，相对平原地区来说，氧气已经明显不够；海拔6500米，这里的氧气浓度只有低海拔地区的二分之一；海拔高度超过7000米的区域，已是世界公认的人类生存极限。如果登山队员继续前进到达珠峰峰顶附近，这里的氧气只有低海拔地区的三分之一。

登山队员在行进途中

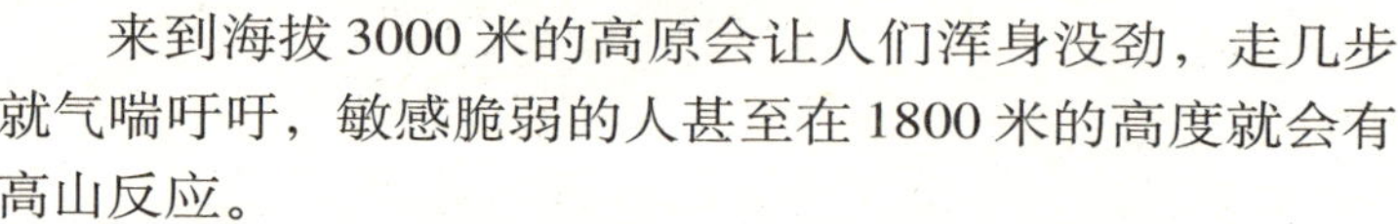
来到海拔3000米的高原会让人们浑身没劲，走几步就气喘吁吁，敏感脆弱的人甚至在1800米的高度就会有高山反应。

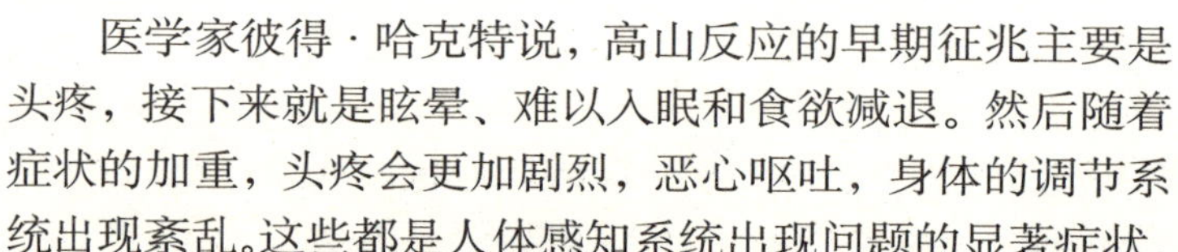
医学家彼得·哈克特说，高山反应的早期征兆主要是头疼，接下来就是眩晕、难以入眠和食欲减退。然后随着症状的加重，头疼会更加剧烈，恶心呕吐，身体的调节系统出现紊乱。这些都是人体感知系统出现问题的显著症状。

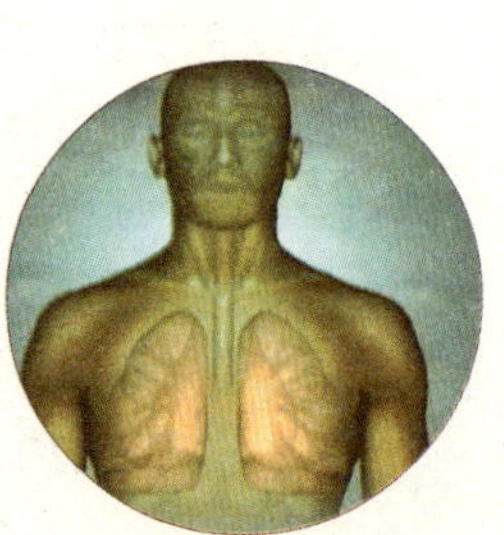
人体呼吸示意图

但严格来说，高山反应其实不是病，而是一种“不适应”，只要有充足的适应时间，而且海拔不高于5800米，绝大多数人都能进行自我调节。我们呼吸的时候，氧分子通过肺进入到肺泡中。就在这里，那些缺乏氧气的、颜色发暗的血液细胞因为有了氧分子而获得了新生，变成了鲜红色。这些鲜红的血液通过心脏的跳动被输送到全身。当血液中含氧量下降时，呼吸开始变得急促起来，同时为了给器官供给更多的鲜红血液，心跳速度加快了，过一会儿就会产生越来越多的携带氧气的血液细胞，这些细胞将氧分子带到身体最需要的大脑和肌肉。这一系列的生理变化被称作环境适应性，可以使一个人能够在高海拔地带生存下去。

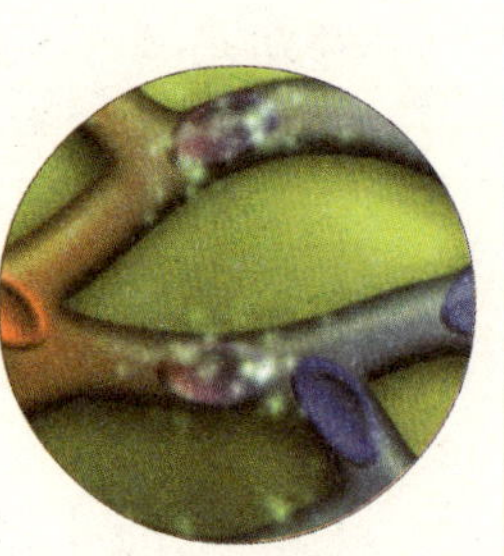
肺部的氧气交换示意图

海拔6500米，人们的呼吸开始困难，并可能引发高山疾病。

在这种低氧的环境中呆上30分钟，照样会对大脑造成难以弥补的伤害。

有调查显示，有一些登上极地高峰的登山者，在没有氧气供应的情况下，成功地回来了。通过核磁共振成像扫描，发现他们的脑容量缩小了一点。

1996年，珠峰就发生过一起一天死亡8人的严重山难，科学家们相信，他们中的许多人都很可能是死于大脑缺氧。

1960年的中国登山队营地

医学家盖尔·罗斯鲍姆说，我们会看到他们说话的速度减慢，而且反应的时间也会加长。我们还可能会发现他们有许多口误。他们说话的方式也和在海拔高度为零时大不一样了。他们的吐字会变得含糊不清，而且说话老停顿。

在完全缺氧状态下，只需三至五分钟，就会造成不可逆转的大脑损伤；超过8分钟，脑细胞大量坏死，生命就会受到威胁。

登山队员想要顺利实现登顶的梦想，事先就必须进行科学的训练。

在低海拔地区，首先是针对低氧耐久力的训练，登山队员通过在低氧状态下反复进行大运动量训练，如长距离跑步、负重行军等，借此增强长时间运动的能力。第二是对低氧环境的适应训练，就是选择一个与攀登目标海拔相近的地方，登山队员进行攀登训练，并在这种高海拔环境中进行适当的体能训练，借此提高对高海拔地区低温、低氧环境的适应。最后，是耐缺氧训练，使用低压氧舱，依靠抽气装置造成低压缺氧状态，使舱内环境达到与高海拔相类似，登山队员在此模拟环境中进行生活和训练。

登山队员驻扎营地

等真正到了珠峰脚下，登山队员们并不像我们想象的那样，从山脚下一口气爬上山顶，而是要进行适应性行军。

以1960年我国登山队首次攀登珠峰为例，队员们先后进行了三次适应性行军，第一次是从5200米的大本营出发，行进到6500米的前进营，然后再返回到大本营；第二次从大本营出发，攀登到海拔7028米的北坳营地，随后折返到大本营；最后一次仍从大本营出发，

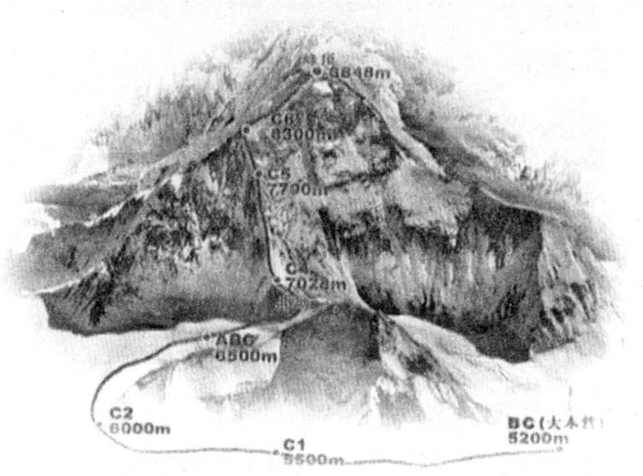

登顶路线图

攀越北坳，沿山脊攀登到 7790 米的高度，以取得对海拔 8000 米高度的适应。

这样的适应性行军，就是为了提高登山队员对缺氧的高原环境的适应能力，为登顶成功创造条件。

攀登珠峰是登山者检验力量和忍耐力的最顶级的测试。1978 年以前，所有登上珠峰的登山者都要借助氧气设备才能成功，于是意大利人梅斯纳尔和他的同伴彼得·哈伯勒提出来他们要在不携带氧气的情况下登顶珠峰。

1978 年 5 月 8 日，他们离开了南坡营地开始向顶峰冲击。他们不仅没有携带氧气成功登顶，而且创下了一项 8 个小时的最快登顶纪录，以往从最后一个营地携带氧气登顶的最快纪录是 20 个小时。

虽然彼得·哈伯勒险些中风，梅斯纳尔也得了严重的雪盲，但是他们并没有像有些专家们预言的那样出现大脑异常。高海拔对人身体的影响依然是个谜。人们对于引起疾病的原因已经有所了解，但是还搞不清楚为什么有的人能很好地适应高海拔的环境，而有的人却一点儿都不能适应。

人们会得高山病，其本质原因是缺氧。同时，高海拔地区的低温、低湿、强紫外线辐射等因素也会加重或诱发高山病。

当人们刚刚来到高海拔地区时，会有一些身体不适。一般情况下，经过人体自身的调节，或对症下药，就有可能在较短时间内消除不良症状。但有些人可能会在一周左右的时间内，持续存在不适症状，如头痛、呕吐、浮肿等。

高山缺氧的队员进行补氧

出现这种病症，说明他的身体很难取得对高原环境的良好适应，应该尽快下撤，不宜继续攀登。

除此之外，还有一些严重的高山病，比如高山肺水肿、高山脑水肿等。

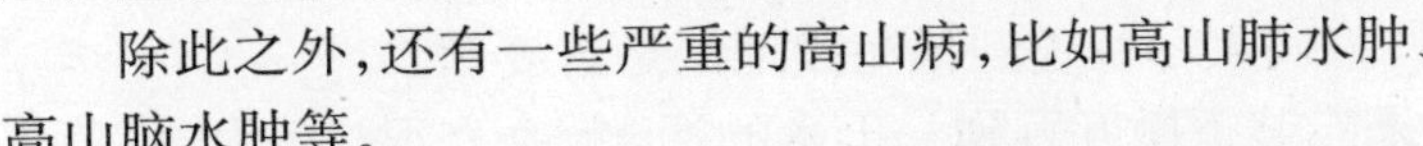

在高海拔地区，高度缺氧，人体内部的水电解质发生紊乱，导致排水系统的功能障碍，造成人体组织内水分增加，即生理学所指的体内水潴留。

医生正在进行心肺功能测定

而在肺部，因为肺动脉的压力增加，使血液中的水分渗漏到肺中，导致肺部积水，引发高山肺水肿。

彼得·哈克特说，得了肺浮肿，肺里面的血管就会破裂。从破裂的血管里流出了被血红细胞染成粉红色的血浆。肺泡开始被这种液体充溢，通常是先从右肺开始，再到左肺。最终肺泡里充满了液体，患者就开始咳嗽，咳出这种粉红色的起泡的口痰。患者根本就不能再呼吸进空气，患者血液中的氧含量因而降低，最终患者会因为心脏血管崩溃而导致死亡。

缺氧的队员正在临时的高压氧舱内补氧

在人体内部发生水潴留的情况下，人体大脑细胞会发生细胞内水肿，诱发高山脑水肿。初期症状为头部的剧烈疼痛，难以忍受，并伴有喷射状呕吐。发病进入后期时，患者会意识模糊，并进入昏迷状态。如不及时治疗，会危及患者生命。

高山病除了会伴有明显的发病特征外，心肺功能、脉

搏、血红蛋白含量等都也会有变化，这些都可以作为我们进行判断的依据。

当出现初期症状时，人们可以给患者提供充足的氧气，或者利用高压氧气袋，即通过向密闭的氧气袋中注入空气，人为地制造高压状态，来模拟出低海拔地区的大气状况，借此调节人体生理功能，可以很快消除队员的不良反应。

症状较重时，将病人尽快送到低海拔地区是首要而且有效的方法。如果能够下撤五百到一千米的话，就会有很明显的效果。每提前一分钟下撤，都会对拯救病人的生命起到决定作用。

珠峰顶上的风云被称为“旗云”

如果队员的发病很急，就必须进行一些急救处理，比如进行一些利尿药物的注射等，都有可能缓解病情。在病情得到缓解后，仍需尽快将病人下撤到低海拔地区。

除了高山特有疾病外，一些在高山地区容易发作的疾病也是高山病，例如雪盲和冻伤。

人们都已经知道紫外线的危害。在高原，紫外线的辐射更加强烈，比如在海拔5000米的高度，那里的紫外线强度就相当于在北京地区的13倍。加上这里空气稀薄，日照时间长，紫外线的伤害尤为严重，会导致日照性皮炎。所以当人们来到高海拔地区时，要注意对皮肤的保护，做好遮挡保护或使用一些防晒霜。

在珠峰地区，大面积的雪地，加强了太阳光的反射，所以，人们还要多准备几副墨镜，只要一看见雪，赶紧把墨镜带上，等到眼睛又红又肿、不停流眼泪的时候，后悔也晚了，那时你已经患上了雪盲症。

在平原地区，冬天的时候，很多人都会生冻疮，被冻伤的地方红肿发痒，可很快就会痊愈，而高山上的冻伤就

珠穆朗玛峰的顶峰

从空中俯瞰的珠峰就像一座金字塔

珠峰的北坡是一片荒原和沙石

雄伟壮丽的珠峰

最有经验的登山者也没有办法躲避稀薄的空气

没那么简单了。随着海拔的不断升高，气温迅速下降，低温加上大风的双重伤害，一旦被冻伤，人很快就会丧失活动能力，截肢更是常有的事。更严重的情况是全身冻伤，也就是平常说的冻僵。当人体长时间暴露在低温环境时，体温会随之下降，当人体温度下降到摄氏25度左右时，人会深度昏迷，进入死亡状态。当队员被冻伤时，应该尽快采取保温措施，并对冻伤部位进行复温处理，比如用摄氏42度的温水进行浸泡等，会取得良好效果。

虽然面临严寒、大风、缺氧等致命的威胁，人们仍然到这里攀登这些山峰，来经受严寒和暴风，挑战悬崖峭壁和稀薄空气，感受成功或者经历灾难。他们仍旧不断地攀登。这就是地球第三极——珠穆朗玛峰奇异而又危险的诱惑力！

通常登山者攀登到海拔8000米的最后一个营地需要花上近两个月的时间。在死亡地带人类只是匆匆过客，接下来的24小时里发生的事情有可能改变他们未来的生活，这时候最需要的只是一个好天气。

登山队员们在完成了适应性行军回到大本营，进行适当调整后，便会一次性向峰顶冲击。以北坡为例，即从大本营出发，经前进营地、北坳，在海拔8650米的高度建立突击营，为登顶作最后的准备。

习惯上，人们把从突击营出发登顶的这一天，称为登顶日，这一天的天气情况会直接影响登顶的成败。

经验老到的登山家会借助旗云，对风向风力作出判断。珠峰海拔7000米以上是岩石表面，白天，岩石受太阳辐射，气流上升，把附近的水汽送上去，由于珠穆朗玛峰“身高”特殊，水汽正好在峰顶附近凝结，在风的吹拂下宛如一面旗帜，旗云的名称就是这么来的。旗云有“世界上最高风向标”之称，它体现风向和风速，登顶前观察旗云，就能摸透风在24小时之内的走势和大小。

旗云有几种形态我们需要特别注意。如果登山队员看到珠峰上的云缓缓往上走，他的运气就再好也不过了，赶上了最好的天气。

此外，如果旗云从西北往东南迅速地移动，证明珠峰上空天气很稳定，这时登山也会很保险。

如果旗云由西向北运动，速度很快，鼓动得很厉害，并呈下降趋势，这表示风速很大，不适合登山。

有种情况比较特殊，五六月份之间，旗云有时会从东边往西边飘，这预示印度低压的到来，珠峰地区容易降水，但是这个气流又有一个好处，气温高，风不大，如果是富有经验的老登山队员，可以一试。

但如果峰顶没有云，就无法判断峰顶附近的风向和风速，而必须依靠气象分析。珠峰地区由于大气环流的周期性变化，使得好天气的周期一般在3—5天左右，而在此前后都会出现恶劣天气，所以，各个登山队宁可安排在坏天气到达突击营，也要把最好的天气留给登顶日。

在现有的技术手段支持下，登山队一般不会配备庞大的气象组，而主要是从一些气象预报中心，例如英国欧洲气象中心等，获取相关资料，比如卫星云图、大气环流形势图等，对未来天气进行分析，或者直接从一些国家级的气象部门获得相关预报。如果需要的话，还可以利用当地气象部门的探空设备获取数据。

马丁·哈里斯说，卫星俯视该区域，然后把信息传回伦敦，伦敦气象中心的工作人员会阅读这些信息，他们能够告诉我们气流在哪里，季候风的地点以及风速等，接下来他们会出具一个报告，并通过电子邮件发送给登山队员。

在登山季节，往往会有多支登山队选择在相近的日子登顶。大家对天气预报的要求基本相同。他们会遵循资源共享的原则，综合各自获得的资料，以获得更全面的天气预报，来进行登顶日程安排。

1975年，中国队登顶时，珠峰地区出现了长达9天的良好天气，为登山队员的登顶和顺利下撤提供了良好的气候条件。

艰难地通过从突击营到峰顶的这一段路程，登山队员将站在世界之巅，但需要尽快下撤。

这是因为，在珠峰地区，日落前有强劲的下山风，不及时下撤，会给队员带来很大的危害。

下山风的产生，主要是由珠峰特殊的地貌造成的。珠峰海拔5300米到海拔7500米之间主要是冰川，为冰雪表面；而海拔5300米以下则主要是岩石表面，这两个不同表面在强烈的太阳辐射下，容易形成较大的热力差异，这种热力差异导致在珠峰地区盛行下山风，也被称作冰川风。而在下午日落前，这种差异最大，所以此时下山风的风速也最大。登山队员应该在当地时间下午两点之前结束在峰顶的一切活动，开始下撤。

我们已经知道，地球上海拔超过8000米的高山共有14座，而它们都集中地分布在亚洲、亚欧板块交界的地带。在这个地球上最高、最大，也是最年轻的山系——喜马拉雅山脉中，超过8000米的高山就有11座，7000米以上的山峰有50多座，这种高峰林立的现象，是世界上绝无仅有的奇观。

从上个世纪初开始就有全世界各地的登山者前来挑战这里的高峰。挑战高度的极限，同时也是挑战身体的极限。至今为止，所有14座8000米以上的山峰都留下了登山者的足迹。

第六章

火　山

在古希腊的天神传说中，有一个天神是掌管火的，他就是火神武尔卡，人们认为他威力无比，不可侵犯。后来人们在地上找到了他的化身，这就是可以惊天动地的火山。直到今天火山一直沿用着火神的称谓：VOLCANO。

菲律宾的皮纳图博（Pinatubo）火山，在沉睡4个世纪后苏醒了。有一支冒着生命危险深入活火山的研究小组在从事科学界最危险的工作。仅最近10年里就有11位火山学家在执行这类任务时丧命。皮纳图博火山1991年复活的时候，山坡上的地震监测站曾预告，随后会有一次强烈的爆发。滚烫的气云和碎片以每小时160公里的速度飞下山来，大量的火山灰遮天蔽日，将白天变成了黑夜。这是20世纪最大的一次火山爆发，847人因此丧身，100多万人失去了家园，悬浮在大气中的灰烬直达俄罗斯和美国，数十个菲律宾城镇被埋没。

活跃的皮纳图博火山

今天，皮纳图博安静了，但是，留下的是一座由不稳定的灰烬堆组成的仍具毁灭性的山。火山口的残壁形成的一个巨大湖，时时有喷涌而下危及山下居民生命的危险。科学家们正试图爬到山顶上去了解这座山的危害。一支国际科学考察队全然不顾爬上皮纳图博火山有多么艰难，一心只想揭示这座火山蕴藏的威力。自上次喷发以来，几乎还没有人到这里来过，这意味着要在沿着夹杂着碎石的火山泥流冲出的陡峭沟壑中艰难地爬行两天，泥石流和火山泥流在不断地重塑火山坡的形状，甚至一场暴雨也会令地形发生戏剧性的变化，这使地图和照片都很难跟上

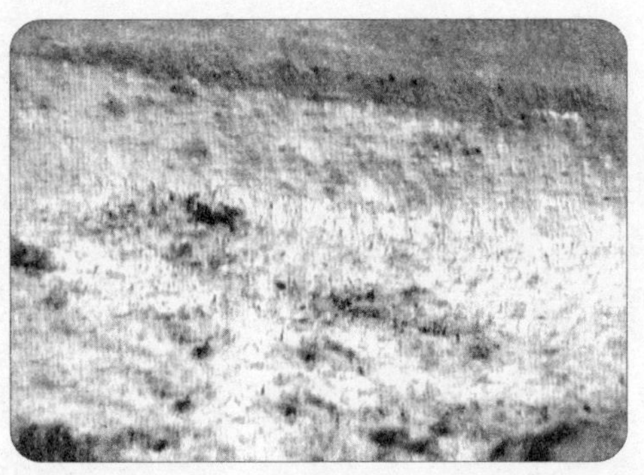

火山泥石流

它们的变化。

小罗尔丹是考察队的向导，他在这座山爆发时失去了他的家庭农场，这些搬运工全都失去了他们的家庭和工作。法国火山学家米切尔·哈布瓦赫斯以前攀登过这些靠不住的狭冲沟。哈布瓦赫斯两年前险些丢掉性命，他以前的探险队遇上了一场突如其来的洪水。

哈布瓦赫斯："我们被洪水困住了，不得不停下来过夜。火山泥石流流到了这里，也流到了对面。整个山都在摇摆和抖动。"

皮纳图博火山爆发后的这些年来，每一场暴雨都要把数吨碎石冲下山坡。这些夹杂着泥浆的洪水已经埋没了数百个村庄，夺走了数百人的性命。科学家们希望得知未来的火山泥石流可能从什么地方流出来。第二天，探险队抵达火山口的边缘。那是一个大约400米深、1600米宽的巨型大洞。他们在湖边的沙滩上搭起营地。菲律宾火山学家阿图罗·达格和他的同行开始评估最直接的危险——火山泥石流。他们测量成堆的碎石，以计算下一场雨可能会冲下多少碎石。

泥石流爆发

6年过去了，这个火山口还在蒸发。预测这里或任何火山的未来喷发，是一门不精确的科学。研究工作最重要的方面是连续的监测。在这块经过高温消毒的地方，植物生长缓慢。需要重新种植才能保持住土壤并吸收引起洪泛的雨水。这个湖的酸性为监测这座火山的恢复情况提供了极好的晴雨表。硫化物流进湖里，意味着可能要过几十年这里才能恢复生命。科学家们工作的时候，火山在颤抖，地震仪记录到了落在不稳定的火山壁上的岩石。在这样的火山湖里，火山气体从岩石下面冒出来。哈布瓦赫斯已回皮纳图博去测试他正在研制的一种新监测系统，一个水中拾音器，也就是一个能

感应水中的超高频声波的麦克风，它能检测到水泡的声音。火山喷发前，气体逸出的速度比平时快很多，量也比平时大很多。

在哈布瓦赫斯看来，湖里的水量本身就是皮纳图博最大的危险之一。5年里，水位上升了50米。火山壁只比它高出40米。如果火山壁破裂，或者情况更糟，火山再次喷发，就会释放出大量的火山泥流。

随着时间慢慢过去，天气出现了变化的迹象，罗尔丹和菲律宾的搬运工们开始担心，一场暴风雨即将来临。他们的担心很快就得到了证实，于是赶紧撤离。几分钟之后，他们的头顶上就爆发了山洪。探险队逃到了地势较高的地方，营地彻底被毁坏了。它提醒火山科学家们，必须准备应对危险。皮纳图博的人就与这些山洪共存亡，其中数万人不顾一直存在的危险仍然居住在火山下面。为了将洪水引离这些村庄，菲律宾政府已建起一条堤坝，但工程师们可拿不准这些防洪堤能否抵挡得住一次火山泥石流的冲击。探险队获取的数据让人们不禁担忧，返回的科学家们估计，火山泥石流还会在此持续10年或15年。火山学家需要时常来这里观察这个沉睡的巨人。

火山不仅分布在陆地上，很多火山还分布在海底，在大西洋、太平洋的海底中有很多隆起的海底山脉，比两侧海原高出2—3公里，被称为大洋中脊，在它的中央又多有宽20—30公里、深1—2公里的地堑，又被人们称为大洋裂谷。大洋内的火山就集中分布在大洋裂谷带上，它们在海底经久不息地运动着，其爆发的场面虽然不能惊天动地，也可谓翻江倒海。

人类基本上还没有开始探索海底世界，那是

海底火山口

海底工作图

斯汤博利岛

岩浆将从缝中喷出(模型)

海底火山口的虾

斯汤博利火山

斯汤博利火山正在喷发

一个充满神奇，也充满危险的地方。海底深处的压力压扁一艘潜艇就如同压扁一个蛋壳那样易如反掌。敢于下到深不可测海底去的，就那么几个特殊的人，他们就像宇航员一样。他们发现的秘密正在改变我们对地球上的生命持有的看法，同时也带给我们外星球可能存在生命的希望。

大海无休止地在潮涨潮落。远远看去，这里的海岸并没有什么特别之处，然而，当你慢慢走近时，你会感到，仿佛突然来到了一个十分奇异的境地。这是一处古老火山留下的遗迹，其独特不仅为中国仅有，在世界上也极为可贵。

漳州火山遗迹位于台湾海峡西岸南端，福建省的漳浦县和龙海县境内，总面积有300多平方公里，它包括陆地的滨海地段，以及海中的2座火山岛。大约在距今2000多万年至1500多万年之间，这个地方是一个恐怖地带。

漳州火山遗迹

火山是地球上最狂暴的自然力量之一，同时也最具毁灭性，它炫耀了地球内部的威力。火山喷发，还引发了不断的地震。如今，古老的火山虽然早已寿终正寝，但却为我们留下了一笔可贵的地质遗产，吸引了许多中外地质学者。

地质学者们有句顺口溜：中国古火山，北有五大莲池，南有牛头山，可见其在学者们眼中的地位。火山的中心喷口就在这中间带上，直径不过30多米，这是一次火山喷发后凝固的岩浆。远处是又一次火山喷出的岩浆。火山喷出的岩浆堆积成了高高的围岩。而在围岩的内圈，出现了一根根整齐排列的石头柱子，像是专门有人摆布过。这种奇特的火山现象，地质学上称为玄武岩柱状节理。

一根根的石柱层层排列，十分规整有序，石柱或长或短，其粗细却惊人统一，粗的直径都在50到60厘米，细的均在30至40厘米，每100平方米有800柱，总共有近2万柱，柱体一律呈40至60度的倾角，这种柱阵式火山筒为国内仅见——然而，它是怎么形成的？

熔岩冷却后形成的石柱之一

与中国其他火山口相比，牛头山火山口犹如一个精致的火山盆景，而且保存十分完美，是地球上难得的一个古火山地貌珍品。在牛头山火山口一侧的海滩上，出现了一片整齐的石蛋滩，有人以为是火山弹，其实不然，所谓火山弹，是火山喷发射入空中的柔性岩浆物质，在空气中快速冷凝而成，而这片石蛋滩完全是海浪和海沙的冲刷所形成。在另外一处海滩上，情形大致相同，它们原先都曾是一根根石柱，坍塌后经受了年长日久的海浪冲刷。而与刚才所见略有不同的是，这处石蛋滩因地形等关系，受到了更严重的风化。形如西瓜的造型，仅此一处，十分罕见，它透露了火山地质运动的另一个信息。很显然，火山遗迹有相当部分留在了海底，然而这并非海底火山，地质学的研究结果表明，漳州火山完全是陆地火山，这似乎令人难以置信。

熔岩冷却后形成的石柱之二

在漳浦和东山县海域，渔民们的鱼网不断地从海底捞出数以千计的水鹿、水牛、东方剑齿象等古哺乳动物化石，这些化石距今约有一万年左右，这些动物怎么可能生活在海底？

在离火山遗迹不远的漳浦赤湖镇海滨，1999年一场罕见的强台风过后，人们在被巨浪冲开的土层下，惊奇地发现一片古森林遗址，遗址中有水杉、水松、紫楠等8个树种。属亚热带被子植物种群，经专家鉴定距今已有8000年历史。

毫无疑问，眼前曾经生长过一片郁郁葱葱的亚热带森林。这个地方究竟都发生了什么？我们的地球曾经经历了几次冰期，那时的陆地覆盖着厚厚的冰雪，由于冰层中固结了大量的水分，致使海平面比现今要低100多米。这时的台湾与大陆之间，还是一片丘陵起伏的陆地。直到一万年前，地球最后一次冰期结束，气候渐渐变暖，消融的冰雪使海平面缓缓上升，最终把这里的火山、森林和动物一齐吞没。海水一方面把火山淹没了，但同时又把火山被泥土覆盖的陆地部分冲蚀了开来，古老的秘密这才又重见天日。

层次分明的岩层清楚地表明了这里曾经是一个火山十分活跃的地区，据地质学者们的考察研究，漳州火山至少有过8次以上的喷发。裸露的岩层上呈现出不同的色彩，它是不同时期的火山喷发、从不同深部所带出的不同化学成分的岩浆。不难想象在我们的脚下深处藏着一个多么丰富多彩的世界。来到这里，我们几乎是满眼皆黑，因为火山喷出的全部是玄武岩。玄武岩是一种分布很广的基性喷出岩。由于玄武岩浆黏度小，流动性大，因而容易大量溢出地表，形成很大的熔岩流和覆盖层。喷出地表的玄武岩浆冷却凝固后，一般呈黑色，其结构细致而又紧密。在漳州火山地貌中，随处可见一片片大大小小十分平整的岩石台地，地质学上称之为熔岩湖，其由来是不断喷涌的玄武岩熔浆，成流体半流体状大面积缓缓漫流，犹如微波荡漾的湖水。冷却后凝固成了平台状，熔岩湖的形成，很能反映玄武岩浆的特性。在凝固的熔岩湖面上，最后流淌的一股岩浆仿佛仍让人感受到炽热的气息。

在这里有一堵不起眼的石墙，高出地面不到一米，而它在地下至少有70公里高。打开这里岩石的户籍，我们看到，最早来到地表的还是花岗岩，年长日久的风化作用，使它出落的更加神奇，花岗岩虽然是一种熔岩的结晶体，但是与火山无关，而玄武岩则是在其后，借助地下通道，乘虚而出的一名暴发户。在坚硬的花岗岩中，我们仍能感受到玄武岩浆的运动。不甘埋没的玄武岩浆，总是在寻找机会出头露面。

离开海滨，人们仍能找寻到火山的踪迹。这些石头像鱼鳞一样，当地人把这里称为鱼鳞石坑，其实这和我们在牛头山所见一样，都是柱状玄武岩，而人们在这里只看到了一根根石柱子的顶端。在鱼鳞石坑附近，雨水为人们解剖了一个侧面，然而，也仅仅看到露出的一小部分。在它的背面，则能看到更多一些。这是一个早年获准开采的矿区。玄武岩是一种矿产，其本身除了可用作优良的耐磨耐酸原料外，还可作装饰等用材，玄武岩的气孔中往往充填有铜、钴、冰川石等有用矿石，而经风化的玄武岩可形成一种很有价值的铝土矿，我国首次发现的三水型铝土矿就在这一带。眼前的景象颇为壮观，然而，真正令人惊叹的景象我们还没有看到，我们知道地球是由外壳、岩石圈、地幔、地核所组成，而地幔约占整个地球的十分之九，是一个由高温的硅酸盐矿物组成的厚层，玄武岩就是在这高温的地幔环境中形成的。漳州火山的玄武岩来自地下70至130公里深的上地幔。当岩浆顺着火山通道上升的过程中，还成为一种载体，捕捉并携带出大量不同成分的物质。

漳州古火山遗迹——南碇岛图

有一座小岛叫南碇岛，面积仅有0.07平方公里，最高处海拔51.5米，通过资料了解，这是一座最为神奇的火山岛。从岛的西面登上顶端，小岛覆盖着厚厚的野草，早年修建的航标灯塔仍在指引着往来的航船。绿绿的野草下，藏着一个令人惊叹的火山奇观。看来要想见识庐山真面目，必须登上岛的东面，但是无路可通，稍大点的船也无法靠近，只能用小舢板，乘着潮水进退的短暂间隙迅速登岸。这真是一座令人不可思议的火山岛，周围除了石头柱子还是石头柱子，难道就找不到一块其他的石头？

小岛还保持着原始的状态，随着进一步探索，壮观的景观不断在眼前展现。这时，你会突然感到，仿佛钻进了一片密密的石柱子的丛林中。据专家们的初步测算，巴掌大的小岛至少有140万根玄武岩石柱，如此密集，巨大的玄武岩石柱群可谓世所罕见。与漳州火山其他地方所见截然不同的是南碇岛全是清一色的柱状玄武岩，找不到任何一块其他类型的玄武岩石头，而且专家们还惊奇地发现，这里的柱状玄武岩极其单一、纯净，没有任何其他成分的岩石混入。

人们不禁要问火山的喷发是如何排列出这一根根石柱子。这除了与岩浆喷出后冷却的速度、地形等有关外，主要是这种玄武岩为碱性橄榄玄武岩，它在形成融浆时，所含的化学成分均匀程度较高，当它喷出地面，在空气中冷却凝固的过程中，能够十分均匀地沿着中心等距离收缩，而各个收缩中心点之间，又形成了等距离的开裂，这样就形成了玄武岩石柱群。南碇岛的玄武岩石柱大致成阶梯形向悬崖处分布。南碇岛的柱状玄武岩可谓是一个柱状玄武岩的大全世界，各种形态的柱状玄武岩，在这里几乎都能看到。最为可观的是，岛上大片大片的悬崖峭壁全是由一排排高高悬挂的玄武岩石柱组成。悬崖的高度一般在20至50米之间，密集排列的石柱像凝固的瀑布，高高垂泻而下，令人不禁联想起李白“飞流直下三千尺，疑是银河落九天”的壮美诗句。

火山带给人们的不仅是壮观的景象和可怕的灾难，它也给火山周边的地区带来了丰富的肥料。人们只有更好地认识它和观测它，掌握它的活动规律，才能与这个火神的化身更加和谐地相处。

第七章

湿地

对许多人来说，湿地是一个十分生疏的概念。“湿地”是前些年刚刚诞生的一个词，它源于英文Wetland，即潮湿土地的意思。我们常见的清波荡漾的河流、烟波浩淼的湖泊、广阔无垠的稻田，野生动物聚集的沼泽地，还有退潮时水深不超过6米的海滨都属于湿地。它们共同的特点是：表面常年或经常覆盖着水或充满了水，是介于陆地和水体之间的过渡带。

湿地是水面和陆地之间一片肥沃的过渡地带，湿地里有复杂多样的生物群落，湿地的稳定性和静谧，造就了它的丰富多样性。水是构成生命的基本要素，湿地中清清浅浅的水，储存了大量的来自太阳的能量，这些条件对于动植物的生长都是非常理想的。然而在文学和神话故事中，湿地总是和死亡与衰败联系在一起，它们被描绘成非常荒芜、难以进入的地方，里面居住着怪异和吓人的生物。几百年来，人们认为湿地就是湿地，然而事实上湿地并不是湿地本身，湿地可以是万事万物，湿地为无数的动植物物种提供了栖息地。湿地也有助于水的净化，并且可以起到天然水库的作用来控制洪水。生命的奇迹就在于它的多样性，有一些最重要的进化适应，就发生在沿海湿地的温暖清浅的水中。

湿地被称为地球之肾

有资料统计，全世界共有天然湿地855.8万平方公里，占陆地面积6.4%，其中热带和寒带分布较多。湿地在北半球分布非常广泛，尤其是俄罗斯、加拿大、中国、美国、芬兰和瑞典等国湿地面积较大。说起湿地，我们还要从鸟说起。很多水鸟一年一度的大规模迁飞，往往是从南半球到北半球去繁殖，再从北半球飞回到南半球越冬。从全球范围来看，它们有三条重要的迁飞路线，一条是往返于欧洲和非洲，一条是从北美到南美，还有一条迁飞线路就是从东北亚到澳大利亚、新西兰。在世界性的长距离迁徙途中，鸟类依赖沿途的一些重要的湿地停歇和觅食，这样才能补充营养来支持下一阶段的飞行。

鸟类大规模长距离的迁飞，是这个物种完成生命过程

湿地为鸟类提供理想的生存环境

湿地是鸟类的天堂

鸟类在迁徙过程中，依赖湿地获得食物

成群的鸟类在湿地上空盘旋

不可缺少的环节，因为它在不同的生命阶段需要不同的栖息地。如果要保护鸟类，就必须保护它们迁飞路线上的湿地。为了挽救濒临灭绝的水禽，1971年在伊朗的一个名叫拉姆萨尔的小城，前苏联、英国、美国、加拿大等6个国家签订了一份公约，这个公约的全称是"关于特别是作为水禽栖息地的国际重要湿地公约"，简称《湿地公约》，文本的核心内容就是保护水禽。

30多年来，已经有120多个国家加入《湿地公约》，并且有1000多块湿地受到国际组织的保护。1971年2月2日在伊朗通过了《湿地公约》，2月2日也就成了每年的"世界湿地日"。随着对湿地研究的深入，人们认识到，湿地不仅是鸟儿的栖息地，还是更多动植物的乐园。湿地也为人类提供了丰富的水源、食物、能源、原材料和旅游场所，是人类赖以生存和持续发展的重要基础，在1998年的一次湿地国际会议上，水成为湿地国际的主要标志。

一只浣熊在湿地里到处巡视，希望找到海龟的蛋，这是大自然生存规律复杂的食物链中的一环。海龟除了湿地中清浅的水之外，同样也需要大量的食物。很多物种既能适应水中的生活，也能适应陆地上的生活。青蛙在蝌蚪时期是用腮呼吸，而成年的青蛙，却用肺呼吸空气，并以捕食陆地上的昆虫为生。青蛙本身又是青鹭的食物，青鹭是生活在湿地上的很多肉食性鸟类的一种。湿地还为成百上千的鱼类提供了栖息地。在地球上昆虫的种类比其他所有的动物和植物的种类相加后的数量还要多。数以百万计的昆虫，整个一生或是生命中有一段时间生活在湿地里，这吸引了许多掠食者，比如蜘蛛。燕雀捕食富含蛋白质和脂肪的昆虫来喂食小鸟，水黾适应在水面上的生活，在那里它们以吃

在湿地里到处寻找海龟蛋的浣熊

微小的水生生物为生。

在水面下，存在着另一个复杂的动植物世界，石蛾的幼虫用植物的碎屑，建造了一个外壳，用来保护自己，并以靠吃腐烂的植物为生。在湿地中，一种生物排出的废物，就给另一种生物提供了生存的机会，没有什么东西会被浪费掉。生活在湿地上的物种是如此丰富，就是因为水中和陆上的栖息地相结合，使生存的机会大大增加。

植物是湿地生物群落的基础，这是因为它们提供了动物赖以生存的物理环境，当然它们也给很多动物提供了食物，湿地植物特别适应生活在洪泛平原，或是完全被水浸

湿地里的植物

水草丰美的湿地

湿地是各种动植物的理想家园

没的环境中。

水上植物的根浸没在水中，茎和叶生长在空气中，它们的茎是中空的，便于把空气输送到根部。湿地上的草长在水最浅的地方，即使湿地里的水干涸，它们也能继续生存一段时间。漂浮植物生长在水更深一些的地方，飘浮植物有可伸缩的茎，把它们固定在根上，这样它们可以轻松应对湿地中常有的水面起伏变化。沉水植物生活在水下，它们首先受到污染，或是多云多雾的天气条件影响了植物，这是因为它们的生存需要阳光和富含氧气的水。水生植物有助于水的净化，因为它们能捕捉并吸收进入湿地的营养物质，这些植物反过来又为食草动物们，提供了栖身场所和食物。

有几种不同的湿地。木本沼泽通常被森林所覆盖。木本沼泽一般位于美国东部和密西西比河的平原，它们为很多当地的燕雀和冬天飞来南部木本沼泽的候鸟提供了理想的栖息地。

森林沼泽通常是温暖湿润的，它们为鸟类和适于在水淹地区生活的爬行类哺乳动物提供了充足的食物。

佛罗里达湿地是非常罕见和独特的。长在湿地深处的森林和长草的平原是热带地区和温带地区的交界地带。生活在这里的生物有一些是生物进化过程最早期生物的后代，由于它们是如此地适应栖息地，在过去的几千万年中，居然没有任何变化。很多鸟类，比如美洲白鹭，靠捕食这里数量充足的鱼类为生。

湿地是生态环境的重要组成部分

沼泽地主要由草所覆盖，在淡水和咸水地区都有。从热带地区到北极圈都分布着沼泽地，过冬的鸟儿从南方迁徙到北方繁殖后代，成百上千种不同的鸟类，都离不开沼泽地。一些鸟类甚至从远至南北洲的地方，开始它们的漫漫旅程，在飞越几千公里的过程中，水鸟们需要一个由湿地构成的网络，来供它们用作休息和重新补充能量的中继站，这个链条中的任何缺损和中断都会造成严重的后果。

鸻鸟

鸻鸟是另一种依赖沼泽地和海滩生活的濒危物种，像其他的几百种水禽一样，鸻鸟需要一系列的含有丰富的微生物作巢和觅食的地方。许多迁徙的燕雀，比如沼泽鹪鹩，也依赖湿地所给予的庇护和养料，在北方的沼泽地中孵化后，年幼的鸟必须快速地生长发育，它们只有几个月的时间使自己足够成熟，以便在天冷以前，和它们的父母一起飞回南方。

湿地还是鱼类至关重要的繁殖场所，数量众多的小鱼吸引了像福斯特燕鸥这样食肉的鸟类。北部的平原上点缀着很多浅坑构成的小池塘和沼泽地，这些草原洞穴，就成为像图中这只棕硬尾鸭一样的上千万只迁徙水鸟的目的地。即便是一个小小的洞穴，也可以供几对鸟筑巢。草原洞穴是特别富庶的栖息地，因为它们的周围是上百万公顷的草地。燕雀们在富庶的栖息地之间自由地迁徙。在春夏季的时候，它们在湿地中筑巢，利用附近的草原来捉虫子，喂养它们的下一代。在秋季来临的时候，成年的鸟和幼鸟们靠吃草籽来积蓄能量，为它们飞往南方漫长的旅程作准备。

棕硬尾鸭

洪水通常被看作是自然灾害，事实上因洪水而产生的湿地，却是自然界中很重要的一部分。几乎所有的河流都有临近的洪泛区，但河流水量上涨时，多余的水溢出河堤，造成暂时的湿地，这些湿地储存水分，并为许多动植物物种提供栖息地。大多数的洪水是一年一度地循环，从温带地区到极地气候地区。冬天是以下雪的方式匆匆地来临的。在寒冷的几个月中，这些水分在积聚，随着白天变

黄头�

长，天气转暖，冰雪开始融化。在森林地区，树木和地上自然形成的浅坑积蓄了一些水，随着融化的水不断增加，它流出小池塘，会积成小溪流，然后这些小溪流又流进大江大河。当河流也满了的时候，水就流出去，流到洪泛区，水流减缓，从高地上带来的淤泥和养分沉积下来。在洪泛区大量的水继续缓缓向前流动，直到流进湖泊或是海洋。

当洪水退下去，露出由洪水带来并沉积下来的一层新的土壤，这些土壤含有丰富的养分，渐渐地土地变干。特别适应能在洪水期间生存下来的植物开始生长，它们从刚刚得到补充的地下水吸取水分，洪泛区由大片浑浊的泥水，变成了一个覆盖着植被的干的平原。

一些水鸟利用洪泛区湿地来繁殖和喂养幼鸟，另一些水鸟则利用这些湿地，作为它们迁徙途中休息和觅食的中继站，湿地上这些变化的环境，为许多不同的动物提供了栖息地。当土地形成的时候，它扩大了适于在陆地上生活的动物们的栖息地。到夏季的时候，昆虫可以在干的土地上生活，而在同样的地方，在几个月前却是鸭子觅食和鱼儿产卵的地方。在有些地区，洪泛区湿地为一些大型的哺乳动物，如食草的鹿类提供了食物和栖身的场所，也为食肉动物们提供了新的领地，变化的栖息地使得密西西比河河谷成了世界上物种最丰富的地区之一。

就像生活在尼罗河周围的植物和其他动物一样，人类的生活也适应了周期性的尼罗河洪水。一年一次的洪水使土地肥沃，并补充地下水，使人们可以在这里建立永久的居住地。

尼罗河

从本质上而言，巨大的洪泛平原，帮助人类建立了早期的文明，这是因为河流给土地带来的大量养分，使得大批的人口可以在一个地方连续地生活。而在其他地区，人类可以耕种几年，用尽土地

里的养分之后，就不得不迁移到别的地方。但是在尼罗河、底格里斯河和幼发拉底河的洪泛平原，在每个洪水季节，这些河流都会带来大量新鲜的营养物质。当地的居民也学会了如何利用它们，因此他们可以在同一个地方，几百年甚至几千年保持大量的人口。

如果有机会的话，洪泛平原的湿地会很快地得到恢复。在过去的几十年中，位于伊利诺斯州南部的查塔克瓦野生动植物保护区，是一个浅浅的荒芜的湖泊，防洪堤把它与河流隔开。1994年，部分野生动植物保护区，重新暴露在自然的洪水循环中，到那一年夏天，洪泛平原上已经被植被所覆盖，恢复的速度之快，甚至是最有经验的科学家们也感到吃惊。

河流的洪泛平原的生态系统有着惊人的弹性，这就是说如果你把强加的压力撤掉，它们自己就有能力恢复原来的系统，这也部分归功于有规律的洪水本身，因为每次洪水不仅会带来新鲜的沉淀物和养分，还会带来植物的种子，根茎和繁殖体。所以当查塔克瓦野生动物保护区第一次受到洪水的洗礼时，当地的原生植物就在同一年的夏天出现了，这实在是一件令人吃惊的事情。在过去那些年中，那儿只是一个荒芜的湖泊，只需要一个夏天的时间，以前的湿土植物就在保护区又恢复了。

洪泛区湿地

当地的动物很快就利用了这片重新恢复的栖息地，它们大群地迁移进这片洪泛平原。在秋季，当鸟类的迁徙开始的时候，大群的燕雀、水鸟和涉水鸟光临了这个保护区。在秋季的某个时间，这个小小的保护区，收留了40%

的沿着密西西比河往南飞的鸟类。

多瑙河湿地一瞥

的确，湿地的种类多种多样，科学家们通常把湿地分为自然湿地和人工湿地两大类，自然湿地包括沼泽地、泥炭地、湖泊、河流、海滩和盐沼湿地等。人工湿地主要有水稻田、水库、池塘。就拿著名的多瑙河来说吧，它就是河流湿地。这条世界上流经国家最多的河流发源于德国西南部的黑林山东麓，自西向东流经奥地利、捷克、斯洛伐克、匈牙利等9个国家后，流入黑海。多瑙河全长2860公里，是欧洲第二大河。它像一条蓝色的飘带蜿蜒在欧洲的大地上。流动的河流和高低错落的两岸，使河边的城市充满活力，也给这些城市带来了无穷的韵味和美丽的风光。

清晨太阳从地平线上冉冉升起，这是大自然最辉煌、最激动人心的一刻。随着新的一天的开始，栖息在这片乐园上的水生动物们开始醒来，新的一天的生活开始了。这是欧洲流入海洋的最主要的河流之一，这里是位于罗马尼亚境内的多瑙河三角洲。随着新的一天黎明的到来，太阳的光辉开始照亮三角洲上这片广阔的湿地，在这片肥沃繁荣的土地上，栖息着成千上万的动物。

多瑙河的故事从这里开始。这里是多瑙河的起源之一，山高水清森林茂密，附近的小溪名称叫做布莱克，清澈的小溪从山谷中蜿蜒

林间小溪流

流出，经过一片人迹罕至的地带，来到德国小镇达拉深根，这里是多瑙河流域的第二个国家，这条河流在古罗马时代，就固定流经此处，多瑙河这个名字就是由古代罗马人所取。也就是在这里，在达拉深根小镇，自然之母为她的儿子，年轻的多瑙河指明它远行的方向，遥远的东方是它的终点。

从它位于德国西南部的源头算起，多瑙河全程长2860公里，流经若干个国家，途中接纳无数条支流，最后到达位于黑海之滨的多瑙河三角洲。在河流的上游，多瑙河置身于美丽的风景和狭窄的峡谷之中，当它进入从地理角度上看属于中欧国家的河段时，人们不禁想起历史上它所起的作用。

2000多年来，这条河流一直是人类通向文明之路，但也正是人类文明，才构成对这条巨大河流健康的最大威胁。人类总是在利用自然的资源，多瑙河一直在为旅行和贸易发展提供便利，凡是有商业贸易的地方，城市和工业就会崛起，在德国东部，沿多瑙河两岸建设有各种各样的、大大小小的工厂和发电站，这些工厂不断地向多瑙河及周围环境排放大量的废水、废气等污染物，而对这些看起来不可挽回的灾难，人们是否可以寻求到挽救这个三角洲未来的希望呢，是否可以扭转已经破坏的生态平衡呢？

多瑙河附近的发电厂

在多尔西亚，成立了一个致力于研究和治理河口地区的机构，这就是多瑙河三角洲研究所，密尔西·斯塔拉斯是这个环境项目的负责人，他和他的年轻科学家们，将致力于扭转因为人为破坏而给这个地区环境造成的危机。为了收集小组所需的数据，监测环境治理的效果，日常的现场调查和取样工作，是必不可少的。在开赴现场前的小组会议上，斯塔拉斯为每个工作人员安排具体任务，以及当天所需要达到的目标。

现在准备工作进入最后阶段，科学仪器和工具被搬上了考察船，船长在船上装着一箱碎冰，这是用来保护以后采集的水样的。

这次行动参加的人包括船只航行专家、地理专家和生物学家等，鉴于航行水道的多变性和复杂性，出发前斯塔拉斯在与船长仔细研究航行路线，这次航行将把他们带到三角洲的腹地，以便于他们考察那里不同的生态特点。他们这次工作的主要目标是监测三角洲上的鸟类和鱼类，以及周围环境和微生物。

航行开始了，起初河道较宽，水质污染严重，根本看不到野生动物，但越往深处水道变得越来越狭窄，而水质变得越来越好。芦苇丛出现了，走到这里，像他们所预料的那样，河口上的小岛挡住了他们的去路，他们不得不改乘所携带的小船，继续他们的航程。

湿地中的天鹅

这条小河逃不过被污染的厄运，因为它是与这条河被污染的主要水体直接相连的。然而随着小船向三角洲腹地行进，水体变得越来越清澈，这要归功于芦苇丛的天然过滤作用，水体开始从褐色过滤到蓝色。

这时小船已进入受到严格保护的区域也就是只供科学研究的世界自然遗产保护区。在地理学家丹·哈里亚的指导下，工作队开始对这个自然保护区进行观测，这是许多不同类型的稀有鸟类生活和繁殖的重要区域，近年来，由于三角洲环境的改善，繁殖区的面积有所扩大，这里是一个综合鸟类群居区。各种水禽在此可以和睦相处，繁育后代，在驾驶小船行进的过程中，工作队非常小心谨慎，尽量避免对周围正在哺育中的鸟类带来打扰。现在有一些原本一去不返的鸟类，也回到三角洲。科学家们测量鸟蛋的大小，有一只小鸟因为惊恐而跳到水里，差一点葬身水中。

科学家们在测算这片鸟类栖息地的大小，以便更好地保护这些依赖这片宝贵而脆弱的栖息地生存的各种稀有鸟类。在这里栖息和繁衍的最重要最珍贵的鸟类之一是鹈鹕。这不是常见的白色鹈鹕，而是一种稀有的鹈鹕，是这个三角洲的象征。这种鹈鹕外表看起来很古怪滑稽，从灰色的羽毛就能判断出是否是年幼的鹈鹕。有一只幼鸟正在唧唧喳喳地尝试它一生中的第一次飞翔。

湿地里的鹈鹕

这些鸟类都是很胆小的动物，它们只栖息在偏远的地方，因为现在这片栖息地受到严密地保护，这些稀有鸟类在这里可以获得真正的生存机遇。大约有200对鹈鹕在这里养育后代，它们的数量相当于全球鹈鹕总数量的5%左右。鹈鹕和鸬鹚能够和睦相处抚育后代，鸬鹚的羽毛是不防水的，每次从水中出来它都要展开双翅晾干身上的水滴。成年鹈鹕个头较大，展开双翅时的宽度达到3米，是地球上最大的飞鸟之一。

在这片生态达到平衡的土地上，水体和植物相映成趣，形成一片和谐的景象。落日的余晖映照在三角洲上，给晚归的工作队员留下长长的剪影，这是很不错的季节，当他们乘船返回的时候，每个人都会对所获得的收获感到特别的满意。三角洲环境的完全恢复，将需要该研究所提供更多的帮助。人们也要感谢大自然本身的强大生命力，在工作队的支持下，再次使它恢复了生态的平衡，是它给了人们以时间和鼓励。有一句古老的罗马尼亚谚语是这样说的，多瑙河三角洲是通向天堂的入口。这个曾经失去的天堂，现在又终于回到人们身边。

中国是亚洲湿地类型最齐全、数量最多、面积最大的

国家，拥有湿地总面积6600万公顷，占世界湿地总面积的1/10，位居世界第四位。从寒带到热带，从沿海到内陆，从平原到高山，都有湿地分布。长江中游的鄱阳湖集合了世界上95%的白鹤，广东惠东海龟自然保护区是世界仅有的16个海龟保护区之一。自1992年加入国际湿地公约以来，到现在中国已经有21块国际重要湿地，总面积达303万公顷。孕育了中华民族的长江黄河的发源地——青藏高原，是地球上海拔最高的高原，素有“世界屋脊”之称。在这片美丽富饶的土地上，不仅有雄伟的雪山，纵横交错的河流，广阔的草场，还有人们既熟悉又陌生的高原湿地。

雄伟的青藏高原在远古时却是一片大海，是海陆巨变和大陆板块的撞击，才形成了具有世界屋脊和地球第三极之称的青藏高原。长期以来，青藏高原以其自然历史发育的丰富多彩的自然景观，吸引着人们密切关注的目光。

我们生活的蓝色星球，在亿万年前大陆是连在一起的。后来大陆支离破碎，分离出漂移的板块，时至一亿多年前的白垩纪中期，一直往北漂移的印度洋板块，与欧亚大陆板块相撞，并嵌入欧亚板块之下，古海洋消失，陆地隆起，喜马拉雅山随之上升。实际上这片年轻的陆地，距今240至340万年前，青藏高原进入强烈的隆升时代，成为地球上最高而又最年轻的高原。

高原湿地

青藏高原湿地水源主要来自于雪山冰川这座固体水库，其次来源于天空降雨和地下水。青藏高原独特的水源，复杂的地貌结构，使这里江河纵横，河流湿地在这里占有一定的位置，我国的长江、黄河、怒江、澜沧江的源头都在这里。

青藏高原上还有星罗棋布的湖泊湿地，由于青藏高原谷地纵横，盆地陈列，这些巨大的腹地空间为湖泊发育提供了有利条件，青藏高原的湖泊以成群分布为特点，地理学家称之为各立门户，青藏高原上湖泊总面积，约3万多平方公里，约占全国湖泊总面积的2/5。在青藏高原还分布着广袤无垠的草丛湿地，草丛湿地是那些地表过湿或兼有零星水体覆盖，并以草类为优势植物的湿地，被称作草丛湿地。草丛湿地在青藏高原分布极广，由于这些草本植物适应性强，所以它成为高原湿地的主体。

在青藏高原湿地类型中，还有一个独特的家族，那就是森林湿地。青藏高原森林湿地主要分布在藏东南地区，这里山势险峻，降雨量大，寒冷潮湿，这样的地势和气候有利于森林湿地的发育。由于高原湿地的存在，才使高原万物竞生，才使这壮美的高原充满着生机，充满了生物多样性。这块巨大的高原成为地球上独特的基因库，人们曾设想，青藏高原上假如没有湿地，就没有这喧闹的世界。

据调查，青藏高原湿地面积达75万公顷，在这里无论是河流谷底，湖泊洼地，还是山路平原，都有斑斓夺目的湿地景观，人们认为湿地使青藏高原光彩夺目。

这是一个梦幻般的世界，这是一个神话般的世界，九寨沟风光，不知醉倒了多少人，人们不禁要问九寨沟的风光为什么这么美，科学家们回答，是湿地筑就了九寨沟风光，是湿地编织出九寨沟艳丽多姿的花环。科学家们赞叹九寨沟在世界湿地中实属罕见，堪称是青藏高原上湿地的一座精品博物馆。在九寨沟，青藏高原上多种湿地类型都能看到，九寨沟不但有众多的湖泊湿地，还有河流湿地、森林等类型湿地。这里的森林

九寨沟风光

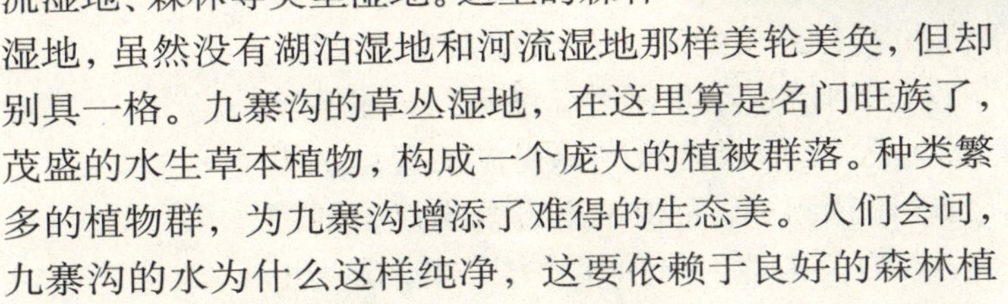
湿地，虽然没有湖泊湿地和河流湿地那样美轮美奂，但却别具一格。九寨沟的草丛湿地，在这里算是名门旺族了，茂盛的水生草本植物，构成一个庞大的植被群落。种类繁多的植物群，为九寨沟增添了难得的生态美。人们会问，九寨沟的水为什么这样纯净，这要依赖于良好的森林植

被。毫无夸张地说，九寨沟的水是一滴一滴经过森林过滤出来的，森林强大的过滤作用制造出晶莹如玉的高山流水，如果没有茂密的森林，就没有美不胜收的水景。九寨沟的水还能呈现出五颜六色，五颜六色的水是怎么形成的呢。水清则色美，不论是蓝天白云，还是绿树奇石，都在水中相映成花，水下的各种植物也清晰得颜色具真。更令人惊叹的是，九寨沟水中有钙化结晶物铺底，反射到水面后变幻出五颜六色的光芒。

将水下摄影机潜入九寨沟的湖水之中，九寨沟的水透明度之高，令人惊叹。中国有句话叫水至清则无鱼，大家开玩笑说，当年创造这个典故的人，肯定没有来过九寨沟，这里不仅水清，而且鱼多，九寨沟的鱼好像在蓝天上遨游。

九寨沟有众多瀑布，哪个游人不想知道，这些瀑布的神奇来历呢。九寨沟是高山峡谷地貌，水的落差达2700多米，这里断层错落，河谷布满阶梯，急流穿山涧而下，形成一道道壮丽的瀑布。如果说九寨沟湖泊湿地是静态美，而奔腾的瀑布那就是动态之美。科学家们之所以将九寨沟列为青藏高原湿地生态的精品博物馆，除了这里湿地类型齐全外，还有些小景装点着这片神奇的高原湿地。九寨沟以它奇异的湿地之美，赢得了世界自然遗产的地位。九寨沟这块精美的青藏高原湿地生态，成为中华大地，乃至世界的自然瑰宝。

九寨沟的瀑布呈现出一种动态美

中国海拔最高的湖和最大的湖，都出现在青藏高原。根据国际公约，湖泊和河流也都是湿地，青藏高原是我国湖泊分布最密集的地区之一，说青藏高原是湖泊湿地的世界毫不为过。据卫星遥感测算，面积 1 平方公里以上的湖泊就有1000多个，湖泊范围达44000多平方公里，成为地球上海拔最高、范围最大的高原湖泊湿地景观。

为什么青藏高原会形成如此丰富的湖泊湿地呢？专家们认为，青藏高原在板块碰撞中，南北强烈挤压，造成巨大的山系盆地呈纬向排列，这些盆地为湖群发育创造了条件。

美丽的高原湖泊——青海湖

研究人员对位于青藏高原东南部的高山湖碧塔海，进行了水下摄影，在拍摄中发现，这些高原湖泊虽然水温较低，但仍然生长着茂盛的水生植物，有些植物还属于高原特有品种。由于寒冷，水中浮游物很少。青藏高原的湖泊有巨大的生态功能，湖水滋润了这里的一切生命，而有水就有沼泽，因而形成湖边肥美的牧场。西藏的羊卓雍湖湖边水草茂盛，在夏季人们将部分水草冲洗晾干，到冬季这些水草就成为牛羊最理想的饲料。

湖泊湿地同河流湿地一样，它为高原一切生命提供了宝贵的淡水资源，在青藏高原有很多地方河流极少，主要淡水资源都来自湖泊。下面这幅画面中滚圆形巨石不是河流带来的超级鹅卵石，而是古冰川留下的遗迹。在青藏高原东南部的稻城县，几十万年前曾发育成面积达3000多平方公里的古冰貌，后来古冰貌消失并形成了高原湖泊，藏族人称之为海子。青藏高原上的古冰貌区冰体大范围覆盖，冰下的差异侵蚀便造成许多冰石洼地，它们积水便形成了湖群，这些湖群就是如此发育的，它们都属于冰川湖。在冰川湖的周围生长着各种奇异的植物，那些生长在海拔5000米左右

巨石图

的高山植物，有许多植物因气候恶劣而发生了变异，成为高原的特有种类。

高原湖泊湿地可以说是千姿百态，而它们都有这样几个共同点，一是湖盆发展受地质构造运动控制，许多湖泊湿地面积十分广阔。二是多为内陆湖，湖水主要来源是高山冰雪融化。三是湖泊湿地面积数千年来在不断缩小，这样湖泊湿地的水资源愈显珍贵。高原湖泊是青藏高原湿地的宠儿，高原湖泊湿地已形成高原上独特的生态系统。

青藏高原的森林湿地

在青藏高原发育有大片的森林湿地。森林湿地主要分布在我国藏东南的横断山脉，这里地貌属于高原温带向寒带过渡的高山带，年平均温度较低，年降雨量700至1800多毫米，这里云冷杉特别广泛，云雾潮湿，造成灌层和藓类十分茂盛，这样就构成了较广泛的森林湿地。在森林湿地中发育有云冷杉，泥炭藓类等各种类型的森林湿地，这种湿地特点是乔木下面灌木丛生，地面有藓被层。还有水乳湿地，主要分布在河流的出口，树木生长繁茂，形成一幅幅淡雅的风景画。

森林湿地水的形态也是多种多样，有的是表层略有积水，有的蕴涵在滩藓层中，也有的水流从浊层流过滩藓层。还有的流速较快，水在林中穿行而过。我国青藏高原藏东南地区大片的森林湿地，构成这里良好的生态环境。森林湿地能诱发降雨，能使空气过分潮湿，而这种潮湿环境有利于净化空气，提高大气质量。那种挂在树上毛茸茸的东西叫松罗，这种植物对生态环境要求极其苛刻，只有在空气特别潮湿，和没

薄如轻纱的松萝

有一点污染的情况下才会出现。

森林湿地的生态功能强大，它具有乔木、灌木、藓类多层结构。森林湿地具有很大的生态稳定性，对防止生态退化起着十分重要的作用。人们把湿地比喻为地球之肾，把森林喻为地球之肺，那么森林湿地就兼有肺和肾的两种功能。它为生物制造了大量氧气，吸收了二氧化碳，过滤了空气，同时又净化了水体，维护着地球生态网络的健康，所以说森林湿地贡献十分巨大。

森林湿地具有独特的生物多样性，它植物种类繁多，从高等的针叶林，到低等的苔藓，以及寄生腐生植物，极为丰富。我国藏东南横断山脉的森林湿地，在恶劣的第四纪冰期中曾是动植物的避难所，正是由于森林湿地涵养了水分，发挥了冷湿效应，才使高原湿地系统结构更加完善，功能更加强大。

同森林和海洋一样，湿地被认为是地球上重要的生命支持系统和最具生产能力的生态系统之一。湿地是生物的发源地，无数种类的植物、众多的鸟类和各种动物都依赖湿地而生存。湿地还具有十分丰富的人文景观和文化价值，世界文明的延续和发展与湿地有着密切的关系。因此，湿地被誉为“地球之肾”、“生命的摇篮”、“人类文明的发源地”。

第八章

世界自然奇观

在北美大陆有世界上最大的淡水湖群——北美五大湖，湖面总面积为24.5万km^2。它横跨经度约15°（W77°～W92°），纬度约10°（N40°～N50°）。从西往东，就是从上游往下游依次排列着苏比利尔湖、密执安湖、休伦

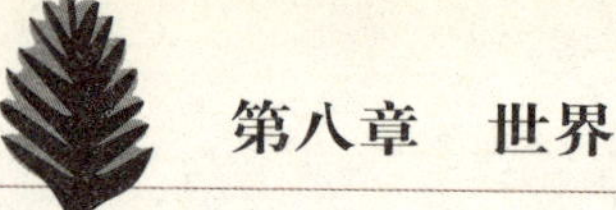

湖、伊利湖和安大略湖。世界著名的自然奇观——尼亚加拉瀑布就位于加拿大和美国交界的尼亚加拉河上。这条河也是五大湖中伊利湖通往安大略湖的一条水道，上游水流平缓，至中游，尼亚加拉陡崖横贯而出，形成100多米的湖面落差，河水汹涌澎湃地流经陡崖，直泻而下，形成气势磅礴、景色雄浑的大瀑布，在印第安语中尼亚加拉意为“雷神之水”。

分布在北美大陆的五大淡水湖

|尼|亚|加|拉|瀑|布|和|科|罗|拉|多|大|峡|谷|

尼亚加拉瀑布是河梯级瀑布，在全世界很著名。一个人由于一本书中的一幅画而被吸引到这里，他极大地改变了瀑布和我们生活的世界，他的名字叫尼克拉泰斯拉。他在8岁看书的时候，翻到了尼亚加拉瀑布图片这一页时，突然变得很兴奋，他对叔叔说：“你知道等我长大了有一天要去美国，我要去驾驭瀑布的力量。”当泰斯拉来到北美时，电已经被发明出来，但使用的直流电只能被传送到不到100米以内的地方。泰斯拉发明的是交流电，一种可以输送数百千米的电。1896年，他在尼亚加拉瀑布把理论付诸实践，建造了世界上第一座交流电站。泰斯拉的电站是尼亚加拉新工业的动力。电力给这里带来了工业繁荣，沿瀑布一带工厂如雨后春笋般冒出来，尼亚加拉瀑布甚至被称为曼彻斯特，以反映它的工业资历。

尼亚加拉大瀑布

19世纪末，北美洲迎来工业时代，对尼亚加拉强大水流的态度有了改变，人们不再对它感到害怕。1894年，著名剃须刀片大王金·吉列认为，世界上应该有一座巨大的城市，称之为大都市。这个城市将容纳6000万人，将是道德和物质上完美的体现，这个乌托邦般的场所将是尼亚加拉瀑布。虽然金·吉列这个幻想的方案没有实现，但却是开发尼亚加拉河雄心勃勃计划的开始。

每年有5万多新婚夫妇来此地结婚度蜜月，风流艳事和私奔在此很少耳闻，当然这一切归功于水的魔力。多少世纪以来，尼亚加拉瀑布激发起人们的宗教情感。最著名的一个传说，是讲述一位美丽印第安少女莱拉瓦拉的故事。传说是这样的，她被强迫与一位她所鄙视的战士结婚，而她不愿意，于是就一人划着独木舟顺尼亚加拉瀑布边缘而落下，把自己献给了“雷神”。这个印第安神话给尼亚加拉最著名的景点赋予了它的名字“雾之女”。虽然独木舟横跨不了瀑布，尼亚加拉瀑布还是被视为高度精神化的地方，是“雷神”的家园。还有一些人准备冒着生命危险去亲身体验这些水的自然力量，这地方确实影响了人们的行为方式。这是一个将人们吸引到此纪念重要事件的场所。

就世界自然奇观中鲜为人知的故事，主持人和中国国家地理杂志社社长李栓科一起进行了探讨。主持人回忆说，我第一次看到尼亚加拉大瀑布这个镜头，是在上小学的时候。那时候有个美国电影叫做《超人》，第二集里面有一个镜头，就是超人飞身投入到尼亚加拉大瀑布中，说实话当时对超人已经不感兴趣了，感兴趣的是这个瀑布实在太壮观了，太大了。

李栓科：是这样，很多世界上的艺术创作，一些画面，甚至说一些自然风景，都离不开尼亚加拉大瀑布，都以它作为背景。长期以来可以说这个尼亚加拉大瀑布，激发了人类的丰富想象力，还有很多怪异的行为。

主持人：像尼亚加拉大瀑布这样的自然景观，我觉得它对人类的诱惑可以说是非常难以抵挡的。

李栓科：是这样的，长久以来，尼亚加拉大瀑布是作为旅游的一个非常重要的景点，同时它也是科学家进行探索地球奥秘，探测地球上水资源利用的一个非常好的场所。100多年之前，这个尼亚加拉大瀑布，它就成为美国非常重要的一个动力中心，可以说美国现代工业的快速发展，跟尼亚加拉大瀑布给它提供了非常廉价充足的电力有很大的关系。

保护自然资源，就必须了解这些资源的成因。瀑布的起源可以追溯到比这更为遥远的过去，可追溯到上次冰河时期。10万年前，一块有3.2千米厚的巨大冰块，几乎全部覆盖了北美洲陆地。1.8万年前，随着气候变暖，冰川开始慢慢消退，留下许多大面积融化冰水的池塘，最终，这些池塘形成世界上最大的淡水群——五大湖，苏比利尔湖、密执安湖、休伦湖、伊利湖和安大略湖的淡水总量，占全球淡水总量的1/5。这些巨大容量的水在流往大西洋途中，依次流经五大湖，连接最后两个湖——伊利湖和安大略湖的是35千米长的尼亚加拉河。

北美五大淡水湖

尼亚加拉河向北流，携带了四大湖的湖水，按流量讲，它是地球这颗行星上流量最大的河，在流经35千米后，这些巨大的水量冲入了尼亚加拉瀑布。现在，这条河是加拿大和美国的边界。边界一侧的河水从巨大的弯形“加拿大马蹄瀑布”飞流直下；另一侧的河水从“小新娘婚纱瀑布”和“亚美利加瀑布”倾泻而下；中间的小岛叫羊岛。水的力量在这里非常明显，它的能量隐藏于白色水流中，令人难以置信的强大力量，夜以继日地在撕裂着悬崖。

主持人：您当初到了尼亚加拉瀑布的时候，有没有这样一个想法：第一个看见尼亚加拉瀑布的人，他面对如此壮观的自然景色，会是一种什么想法？

李栓科：他的想法恐怕跟我们现在看到瀑布时的想法

一样。首先会感觉到太神奇，太美妙，太伟大了！西方的书本里面认为尼亚加拉瀑布是西方人发现的。其实并不是这样的。因为当时的土著居民，他们长久以来，世世代代就在这附近繁衍生息，怎么能说西方人发现尼亚加拉大瀑布呢！我们现在有的资料表明，如果说外来人，那么第一个看到这个景色的外来人应该是比利时人。他的名字叫卢伊斯·亨纳平。300年前他随着法国的一个探险队，在大西洋登陆，然后越过美国东部平原，来到这个地方。他当时的目的有两个，一个是绘制当地的地形图，另外他抱着个人的目的，所谓传教拯救别人的灵魂。可笑的是，他在探险的过程中还背着一个祭坛行军。

主持人：咱们不说这个人的做法，是不是很愚蠢。不管怎么说，300年前他看到这种景色的时候，我猜想，他肯定是非常震惊的。

李栓科：是，他曾经有一段非常精彩的一段描述。1678年12月，亨纳平看到这个瀑布以后，他写道，靠近这个可怕的悬崖，落下的水激起了大量的泡沫，宛如水在大锅里面沸腾，发出的巨大轰鸣声，比雷声还要可怕。

这些力量造就了尼亚加拉瀑布，但要准确展现瀑布是如何形成的，就要离开瀑布，回到12000多年前。尼亚加拉河在瀑布上面汹涌澎湃，水对它所流经的岩石有着破坏性作用。

1859年数千人基于同样原因，聚集到尼亚加拉瀑布，瀑布成了向死亡挑战的竞技场地。悬挂在峡谷60米上空的是一条5厘米粗的绳子，35岁的老基恩格拉佛里特，也叫做白皮肤金发碧眼的男人，成为第一个在加拿大和美国之间的绷索上行走的人，在以后几年里，他在瀑布上空来回走了好多次，成了众所周知的尼亚加拉瀑布征服者。有一次他甚至把一只烹饪的炉子，推到绳子中部做了一顿饭，平行把它往下放，给了雾之女船上的一个乘客。虽然其他许多人会在以后表演穿越峡谷，但不久这种杂技表演被一种更加危险的绝技取代，不是由男人表演，而是由一位63岁的老妇来表演。

安纳泰勒（右）和她穿越瀑布用的木桶

这一切开始于1901年10月14日，安纳泰勒以前是舞蹈家，她把自己用皮带捆在一只木桶里，成为第一个敢于穿越雄伟瀑布的人，从那以后，其他15位胆大的人也这么做，其中5人丧生。1930年，乔治·斯塔萨基斯死在这只桶里，并不是水的冲击力要了他的命，飞跃瀑布以后他的桶陷入瀑布底下强大的潜流中，他被困在巨大的水流中，达15个小时，然而他携带的氧气仅够用3小时。1983年做本地导游的戴夫朗代，也开始驯服瀑布，他的桶花费了16000美元，两米多长，直径为1.2米，重453公斤。桶的外壁是钢制的，内壁是铝制的，内外壁间还有一个用塑料泡沫填充的夹层。10月份一个多云的早上，戴夫朗代的银色桶被推上轨道，从岸上放入冰冷的尼亚加拉河中，当他沿着瀑布边缘漂游时，岸上的摄影机记录了这一刻。

尼亚加拉瀑布每秒钟以2300立方米的水，从宽为900米、高耸入云的悬崖上倾泻而下，游客甚至可以到瀑布水帘的后面去，沿着修建好的台阶一直向上，就会走进这强大瀑布的背面。在马蹄瀑布36米的下面，是一个隧道迷宫，长186米，带领游人通往瀑布水帘的后面，水流从51米高处自由壮观地飞流直下，冲入一个远在下面泛着泡沫的潭中。这些雷鸣般的水，反映了大自然最有力量、最具破坏性的一面，并且也是最神奇、最诱人的一面。

从前，尼亚加拉瀑布激起沸腾般的水流，令人生畏也令人崇敬，并受到尊敬，现在它已得到控制。25年前英国科学家凯斯丁克勒被吸引到这里，研究尼亚加拉瀑布的致命水帘后面发生了什么。科学家把水排掉，看看这些岩石是怎样的。上面的硬石层叫白云岩，下面是软一些的石头叫页岩。随着时间的推移，下面的页岩被水侵蚀得很厉害，这样上面的白云岩就失去了支撑，破碎后掉入水中。瀑布有三种不同的侵蚀方式，一种是由于冲到底下水潭中的水流冲击的力量，水在潭中的旋转使岩石松动，并且水往深里钻，然后在瀑布的中央，岩石被弄得很湿，这是在侵蚀分解岩石，消掉上面部分，水把石头冲入水潭，一些人认为水面下有一个由掉下的石头堆积而成的斜坡，其他人认为，水继续往下冲54米，甚至冲出更多的石头。300年前当亨纳平第一次看见尼亚加拉瀑布时，瀑布在河下游，离现在的位置几乎有400米。尼亚加拉瀑布仅仅在12600年中，从原来的位置，后移了11公里。从地质角度看，这只是一个瞬间。

水流冲刷页岩形成凹槽

为了准确了解所发生的一切，地质学家必须到下游找出瀑布留下的线索，就在瀑布的下面，尼亚加拉河在一条深峡谷底部汹涌咆哮，高耸在上的是90米高的峡谷壁。在早期参观者看来，尼亚加拉瀑布被视为一个可怕的令人恐惧的怪诞地方。在1842年查尔斯迪根斯到来时，它已成为大自然最雄伟、最壮观、最好的代表。大多数急流是因河水流进成堆的水下岩石而形成，但这里的不是这样，它是大量的河水流经狭窄的水道，产生了7.5米高的巨浪。这种巨大的力量也冲走了任何岩石和碎石，河底被下切达12米深，结果造就了6级急流。当19世纪科学家首次开始研究这个峡谷时，许多人以为它是由一次地震引起的。1841

年，现代地质学之父，查尔斯莱艾尔从英格兰带着激进的想法来到这里，他认为地球是很古老的，而教堂里的人们，还坚持认为地球只有几千年的历史，这无疑是不正确的，但莱艾尔很清楚，这个峡谷是由水的力量而产生的，这个过程可能持续了至少一万年。

1916年，经过艰苦努力，在漩涡上空架起了索道，这样缆车就可以载着游客在高空欣赏它了。从那以后有1000万人乘缆车游览，漩涡是游客渴望接近的地方，但不能太近，漩涡成了尼亚加拉河的又一个吸引点。河流在漩涡处转了90度角，这是因为峡谷像是跑道上的U形弯曲，查尔斯莱艾尔对峡谷为什么会这样感到困惑。他探索了漩涡周围的岩石，发现在这个点上瀑布碰到软一些的沙泥，引起剧烈变动的结果。在逆流处瀑布的侵蚀力量，碰到软一些的沙土，阻力最小，于是就跟着弱沉积物的方向走，把它们分开，几乎立即形成这个峡谷新的一部分。因此瀑布冲击这个拐角周围，激起的水又拍打岸边，这样水就把岸往回切，因此瀑布就不断地往后缩。漩涡中沸腾般的水，是瀑布演化过程中剧烈时刻的产物，在漩涡以下，离现在的瀑布下游6公里处，峡谷又变狭窄了，在峡谷底部，河流围绕路夹转弯，被强大的力量冲进一个狭窄的漏斗，这一次产生5级急流，这里是寻求刺激者理想的地方。

索道缆车

喷气式小船是游客体验尼亚加拉瀑布最新、最刺激的方式之一，它是由铝制成的。与尼亚加拉河的水流一起往下漂流，会增加漂流的

漂流在湍急的河水中的小船

刺激和更多乐趣。在这些急流旁边，坐落在漏斗上面的是尼亚加拉峡谷，与任何其他部分不同的是，这是个可怕的地方，似乎远离喧嚣和河流的力量，房子般大小的巨石散落在地，里面有奇怪的洞，它们似乎是被钻进的石头撞击出来的，似乎与木头一样软，它反映了尼亚加拉峡谷曾经与今天的瀑布一样，遭到同样强大力量的冲击，科学家们叫它“锅穴”。这些锅穴证明以前这片土地直接在瀑布下面的某个地方。问题是尼亚加拉瀑布是什么时候形成的？凯恩丁克勒在峡谷沿岸的几个地方，挖出了一些蜗牛和贝壳的碎片，通过科学仪器的探测，获得了它们存在的年代。在尼亚加拉峡谷，发现贝壳的重要性在于，可以用它们准确算出过去瀑布所在位置的时间，知道它们从这个峡谷后退花了5000年。

上次冰河时期结束时，这里没有河流，而是有两个古老融化冰水的湖，和现在称为尼亚加拉悬崖的一个低矮悬崖，它的上面过去是一个冰川湖，地质学家称之为托那旺达湖，下面与悬崖底部接壤的是伊罗夸湖，这个悬崖横跨加拿大和美国大约1000公里。12000多年以前，瀑布开始往上游移动，切入坚硬的尼亚加拉悬崖中，每年平均移动0.6米。第一个0.9米花了2500年，然后它们碰到尼亚加拉峡谷，坚硬的岩石和滴水量使瀑布停留在这里，退缩不到1.6公里，却花了5000年。当瀑布遇到漩涡时，转了个90度急转弯，沿着软沉积物的方向走，仅在数小时内，1.6公里长的峡谷被切掉，当瀑布切入最后的4公里，到我们今天的位置又花了4500年。如果以相同速度继续侵蚀，瀑布可能会切回到伊利湖，最终会消失。

尼亚加拉瀑布给两岸的人民带来了丰富的资源，在加拿大，瀑布是后工业时代繁荣经济之一——旅游业的家乡。在美国迎来重工业时，加拿大向旅游业打开了大门。瀑布的自然景观甚至在绷索行走者之前，吸引人们在此地建立娱乐场和“拱囊”。在美国沿岸建造了一座大坝，把所有的水引向马蹄瀑布，每天早上在8点前控制这

个大自然最壮观景观之一的责任，落在一个男人身上。控制大坝从河岸向外伸出480米，由18个防空闸门组成，这些门不是用于完全堵住河流，而是控制多少水量流过瀑布的某些地方。早上控制大坝打开了闸门，以保证有足够的水流，这是为前来欣赏尼亚加拉瀑布美姿和风景全貌的旅游者提供充足的流量。围在尼亚加拉峡谷坚固的墙体里面的是发电厂，发电厂于1961年完工，在这里人类建造了一座自己的瀑布，在厚厚的混凝土外观下，水流落差90米，是尼亚加拉瀑布本身高度的两倍，使得电厂比尼亚加拉瀑布附近其他电站，发出两倍多的电。

大多数游客不知道在白天，实际仅有50%尼亚加拉河水流进瀑布，无论尼亚加拉经济的繁荣是否来自这里的工业和旅游业，但这两者完全依赖这里的瀑布，却是事实。数十亿美元的生意在这周围兴起，因此对加拿大和美国来说控制瀑布非常关键。但是对有些人来说，尼亚加拉的水有一种阴暗的力量，人们把它泛白色泡沫的深渊和生与死的通道联系起来。永远存在着的彩虹，也被看作是地球与天堂的连接，似乎我们大家都像是某种程度的激流瀑布，现在已经有了远没有以前危险的亲身体验瀑布的方式。瀑布花了12000年在移动，但仅在过去的100年内，工业和旅游业给瀑布带来了很多影响，瀑布也在改变，人类将这种移动放慢了，不再按自然规律运动，而是遵照人类意志运动，这种关系的未来，紧紧地掌握在我们自己手中。

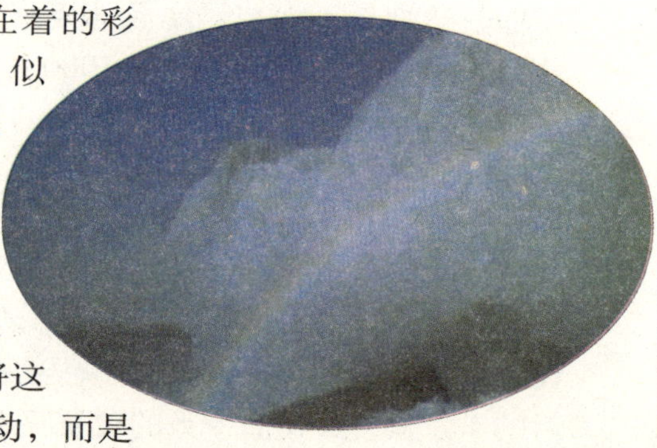

瀑布水汽形成彩虹

瀑布奔泻，浪花飞溅，水沫洒空，浓雾弥天，巨大的白色浓雾在翻腾奔涌，在阳光照耀下，好似万卷珠帘垂挂，时而现出美丽的彩虹穿插其间，锦上添花，无比壮美。英国著名作家狄更斯曾说：“尼亚加拉大瀑布优美华丽，深深撼动我的心田，铭记着，永不磨灭，永不改变，直到她的脉搏停止跳动，永远，永远。”

离开了五大湖区，向西、向南就是北美洲内陆，美国亚利桑那州西北部科罗拉多河中游、科罗拉多高原的西南部。世界著名的自然奇观之一的科罗拉多大峡谷就位于此，它也是在太空中惟一可用肉眼看到的地球上最为壮丽的自然景观。

科罗拉多大峡谷一景

科罗拉多河是北美洲主要河流。奔流不息的科罗拉多河在高原上切割出一条条深邃的峡谷，水是创造奇特地貌景观的能工巧匠。大峡谷除去它雄伟壮观的一面，还有很多千回百转的通幽曲径；两崖壁立千仞，夹持一线青天的景色在令人惊叹之余，难免也会让你觉得前面似乎就有当关之勇夫。另外的一些由水流冲击而成的岩穴石谷，形状千奇百态，色彩通红如火，每一处岩石都好像是一幅精美的画，置身其中，犹如来到仙境一般。

这里气候干燥，幅员辽阔，有奇岩、红土、峡谷和印第安风情。美国西部电影里，描绘的一百年前那些劫富济贫的英雄豪杰，骑马挎枪，风驰电掣地走过寸草不生的红土峡谷，越过激流汹涌的科罗拉多河，以及夕阳斜照下无边无际、路途茫茫的如画镜头，大都是在这里拍摄的。美国西部西南四州也自然成为旅游者体验西部牛仔生活的理想之地。

空中俯瞰大峡谷

科罗拉多大峡谷位于科罗拉多高原，这里曾经是古老海洋的海床，而现在整个区域已高于海平面两千米，这种奇特的地势构造，是由地壳隆起的特殊地质运动造成的，当一个大陆板块与另一个大陆板块相撞时，产生巨大的抬升力量，另一板块被迫向下运动，被挤进地幔熔岩的岩浆

中，岩石在地幔中熔化。当快陷入地幔时产生巨大力量，于是促使处在上面的板块抬升。

这样人们就会看到整个科罗拉多高原外表地区的隆起，但隆起的过程却十分漫长，它把远在海平面下的岩石抬高了2100米，甚至在一些地方隆起了3600米。

当高原缓慢隆起的同时，在地球引力作用下，科罗拉多河为了寻找出海口，河水便逐渐向下切割相连的岩层，这一过程延续了500万年。这期间人类历史经历了沧桑巨变，但对于地质运动过程来说，这只是弹指一挥间。虽然地壳隆起运动，使高原抬升，而科罗拉多河却以它举世无双的巨大侵蚀力，凿出了科罗拉多大峡谷。那么科罗拉多大峡谷又怎会有如此巨大的侵蚀力呢？原来科罗拉多河有一个巨大的汇流面积，包括从落基山脉留下的雪水，流入科罗拉多大峡谷。周围的小峡谷中，周期性的涓涓溪流，源源不断地汇入大峡谷的怀抱，因此加大了科罗拉多河的流量。

雕刻在岩石上的符号，实际上就是写在岩石上的瓦拉派族历史，记述了肆虐地球的一次大洪水，以及创世主嘱咐大家，挖掘一个大洞排泄洪水，水退去以后，他们又在科罗拉多大峡谷中生存下来。

确实有这段历史，雕刻在岩石上的这些文字记述了这段历史，这些内容通常告诉我们，泉水在哪儿，景色怎么样，是否有危险，哪一条是捷径，峡谷的位置，以及旅行是否艰难等等。

原始居民雕刻的岩画

瓦拉派族的创世史得到了科学事实的证实。火和洪水的剧烈运动，造就了大而壮观的大峡谷，而形成峡谷的两次壮观惊人的地质运动，使这些岩石裸露了出来。

从大峡谷山岩上看到地质的层面

你想简捷明了地知道科罗拉多大峡谷为什么对地球这颗行星来说是如此独特和重要吗？从科罗拉多大峡谷的最底部到最顶部，在这垂直的一英里内，你能看到各种岩石。

在各种力量的共同作用下，揭开并暴露出这些有色岩石，它们不仅是科罗拉多大峡谷独特的外表，而且还提供了其形成的重要线索。在这些岩层中，位于峡谷中央顶层的9层岩石，是石灰石和沙石，是在2.5亿年至8.5亿年前形成的，而在科罗拉多大峡谷最深处的内峡的岩石，显示了一个完全不同、非常古老的世界，即使是最原始的生命，那时也还没有开始进化。

当然大峡谷并不是没有生命的，其实在大峡谷没有被发现之前，这里的生命也鲜活地存在着。在科罗拉多大峡谷被凿出以后，河流和岩石的共同运动，影响了周围的生灵，自从它被发现以来，科学家们渴望更多地了解神秘的大峡谷和更为神秘的大峡谷中不断繁衍的生命。如果说山洞的存在归因于科罗拉多河的侵蚀力量，那么科罗拉多大峡谷很自然地成了研究曾经在此栖息的外来动物的实验室。没有人精确统计过科罗拉多大峡谷中数以千计的山洞，就像没有人知道，曾经在此繁衍了多少智慧的生灵。吉米·米德希望能在此找到人类的遗迹，正如找到其他动物遗迹一样。

这是一个神奇的山洞，在地面上你可以清楚地看到，不仅有人类，而且有绵羊和其他动物在此生活过的痕迹。

今天我们能够庆幸地看到这些遥远时代的遗存，要感谢峡谷内特别干燥的环境，正因为山洞十分干燥，从而很好地保存了几千年前的有机物遗骸。

曾经居住过古人类和古动物的山洞

这里的每一个山洞都是一个博物馆。这是一只加利福尼亚秃鹫的头骨，这儿之所以非常独特，其原因是它那干燥的储藏条件。这个标本已经有14000年的历史了。

像这样的遗骸不是生物体变成石头的化石，而是从上次冰河时期以来，保存下来没有改变的骨头。吉米·米德的研究发现表明，当时这里的气候与今天相比有着很大的不同，曾经适合许多动物生存，相比这里曾经是一个动物的乐园。

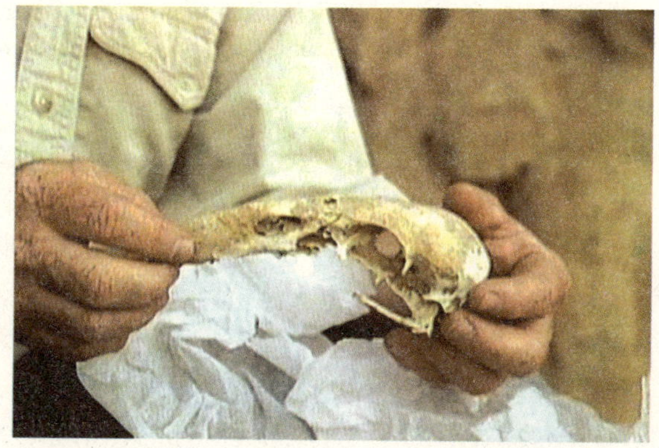
发现14000年前的秃鹫头骨

在上次冰河时期后，这里的气候发生了急剧变化，气温升高晒死了动物赖以生存的植物，迫使动物们迁离该地。但是有一种物种，比大多数物种更能适应环境，并生存繁衍了下来，这就是人类。

考古发现某一璀璨的文化，曾在此辉煌过。这种史前文化比北美洲其他任何地方的文化都要先进得多。今天只能从这些遗迹中感受曾经的辉煌与智慧闪现的灵感。科罗拉多大峡谷的气候环境十分极端，从峡谷底部的烧焦地面，到1.6公里高处的外缘，其气候差异与从加利福尼亚沙漠到加拿大南部雪山的1600公里上的差异一样多，正是这种气候差异，使峡谷成为美洲土著人繁衍生息之地。

瓦拉派族的历史可追溯到600年前，抚慰祖先的歌曲和祈祷，陪伴他们走过了漫长的历史，但是他们并不是最早居住在这里的土著人，没有人知道从前这里是什么样子，只有科罗拉多大峡谷的大地见证了古老文化的起源、繁荣和神秘消失的过程。

许多年就这样过去了，如今考古学家贾恩巴尔索姆，在科罗拉多大峡谷国家公园内，发掘了比瓦拉派族更古老文化的证据。

峡谷中的一块石头是美国史前土著“普维”部落的遗迹，实际上这里离科罗拉多大峡谷国家公园东边的州际公路，仅一步之遥。大约1000多年前，古老的普维部落在此居住，现在一些民族视其为阿那萨吉族。

在阿那萨吉族居住的高峰时期，这个地区到处都是阿那萨吉人，附近的福德台地的普维部落遗迹，是1200年前的，他们先进的建筑文化，是史前北美地区无与伦比的，我们从他们的遗迹中，仍能感受到这里曾经辉煌的过去。

1000多年前的普维部落遗址

作为以耕种为生的农民，古老的印第安人，并没有困在一个地方繁衍生息，他们利用气候的差异，采用了以游牧为生的生活方式。冬天他们呆在峡谷深处，以躲避严寒，季节性洪水给科罗拉多河沿岸带来了肥沃的土地，十分适于种植庄稼，夏天峡谷的顶部是躲避高温的好地方，尽管土地本身在这里总是受到控制，但是只要按大自然的规律行事，大峡谷也会成为一片丰饶的土地。大约800年前，阿那萨吉部落突然从峡谷中消失了，时至今日尚未找到其消失的确切原因，这成了一个千古谜团。是与之竞争的部落的到来，还是同类互相残杀？但是可以肯定

的是当时气候发生了重大变化。就像在他们之前一万年前消失的猛犸象一样，使阿那萨吉部落消失是上升的温度，扩张的沙漠吞噬了这个勤劳的民族，还是他们的勤劳改变了曾经丰饶的大峡谷。后来者仍在考证与思索。

旅游者在河中漂流

尽管19世纪中叶，科罗拉多大峡谷还是全美国未知的最后一个地区，但随着向西扩张的征程，人们争相勘测和考察这个地区，最终把峡谷的美景呈现在美国面前。1869年，美国老兵约翰·威利·鲍威尔成为第一个带领探险队乘船进入峡谷的人。鲍威尔进入这块未知之地花了3个月时间，之前还有3个人为此丧生。正是在他们的努力下，科罗拉多大峡谷深入美国人人心。到20世纪初在罗斯福总统签署法令之际，美国人早已进入科罗拉多大峡谷。从此科罗拉多大峡谷彻底改变了。这里的渡船，位于峡谷上游东端，由于整条河流只有从这个地方人们才可以直接进入，因此它成了摆渡点。这个摆渡点虽然从1920年以来，就被废弃了，但站在它的面前，似乎仍能听到若干年前这里人群的喧哗。现如今重新有了渡船，这是因为自从约翰·鲍威尔时代以来，旨在驾驭科罗拉多河滔滔急流的挑战，激发了美国人的热情。

20世纪50年代早期，在河流上开始了商业活动，即使在大洪水爆发期间，也要组织旅行，这使得河上漂流成为高风险，但非常刺激的旅

飞翔在科罗拉多大峡谷上空的秃鹫

游项目。

人们很难征服科罗拉多河，它是领导者，它偶尔会给人猛地一击，但如果想击败它却是徒劳。

就在距离渡船两英里的朱砂瑟悬崖，有一个物种已经濒临灭绝的边缘，这是因为峡谷的生态一直保持着脆弱的平衡，因人类的闯入而变得不稳定，许多生物因此受到摧残。加利福尼亚秃鹫早就在人类涉足这儿的几个世纪以前，就在科罗拉多大峡谷的暖气流上空翱翔了。至少4万年来，它适应了气候的巨变，并且从冰河时期生存下来，但它们遭到了人类的猎杀，据统计到1980年，秃鹫只剩下20多只，处在灭绝的危险之中。今天人们对它们采取了保护性措施。1996年秃鹫被重新引入科罗拉多大峡谷，但能否生存下来，还有待时间的验证。应该说这里是由水的自然力量而创造的风景，水利资源正被数千万人加以利用，如拉斯维加斯等许多城市的扩大和发展，都有赖于科罗拉多大峡谷。

位于拉斯维加斯东面，在科罗拉多大峡谷的另一端的佩奇镇，40年前它并不存在。你根本不会相信在地球表面最干燥的地方，竟会有一处修剪整齐的高尔夫球草坪。有人说是今天的科技帮助人类对自然景观按人的意志进行了改造，甚至在沙漠中建造了高尔夫草坪，但最终得感谢格兰峡谷大坝，因为有了它，佩奇镇和高尔夫球场才能存在，数千万吨混凝土固定了213.4米的沙石悬崖，佩奇镇附近的格兰峡谷大坝于1963年竣工，并发出足够的电力，满足数百万居民使用。这是令人惊叹的工程奇观。如今肆虐的洪水已成为过去，几乎全年都可以在河上进行漂流，这是由于大坝控制了科罗拉多河的湍急水流，使水流平稳一些，但是建造格兰大坝，不仅仅是为了治服肆虐的洪水，大坝建成以后，这里也就自然形成了湖。大坝的后面是一个巨大的湖，这就是鲍威尔湖。鲍威尔湖长300公

佩奇镇一角

里，它是数百万家庭用水的来源。这是北美主要的划船景区之一，但是鲍威尔湖淹没了峡谷，虽然格兰峡谷的大部分已被淹没在湖中了，但也有几部分没被淹没，这些沙石是古沙漠沙丘挤压后的遗迹，是由数百上千年的洪水冲刷而成的。

时光倒转，回到20世纪50年代，好莱坞新影星凯迪里花了很多年研究这些石块。

然而一旦大坝建成，只用17年时间就淹没了近500万年才形成的峡谷，原有的景观被彻底改变了。这是人类所犯的一个很大很大的错误，人类把这块神奇的土地毁掉了。

其实大自然已经报复了人类，像洪水泛滥的峡谷一样，鲍威尔湖和大坝不可能永远存在。1983年落基山脉超过平均量的雪融水检验了格兰峡谷大坝的极限，当时为紧急缓解水压，和下降迅速上升的水面，打开了所有的泄洪口，仅在两个月时间内，相当于500万人的年需水量冲出了隧道，混凝土接着是下面的沙石冲入下游的峡谷。当洪水消退时，在科罗拉多河的泄洪墙上，冲出了一些人们不愿看到的大窟窿，水面已接近甚至超过大坝了。时至今日，大坝仍在与大自然，做着顽强的，却又力不从心的斗争，因为沙石和岩石本身是有空隙的，没有人能阻挡河水，继续向大坝中部深处的隧道渗透。

鲍威尔湖一景

地质研究表明，科罗拉多大峡谷总是处于剧烈的变动之中，迟早有一天，科罗拉多河会冲跨格兰峡谷大坝。科罗拉多大峡谷已有500万年了，它的存在揭示了这里的自然景观的形成与变化。但是从地质学来看，它还处在婴儿期。几个世纪以来，大峡谷被看作是地球上一个没有用处的大洞，当它的险峻壮美被人类发现后，它便开始经受人类以主观意志为目的的开发与利用，但人们对峡谷所做的一切，造成了大峡谷的浩劫。光阴变幻的千百年中，雄伟的科罗拉多大峡谷巍然屹立，这当中人类对它所做的征服和挑战，同大自然固有的魔术般的变幻相比，却显得如此苍白而无力。

科罗拉多河

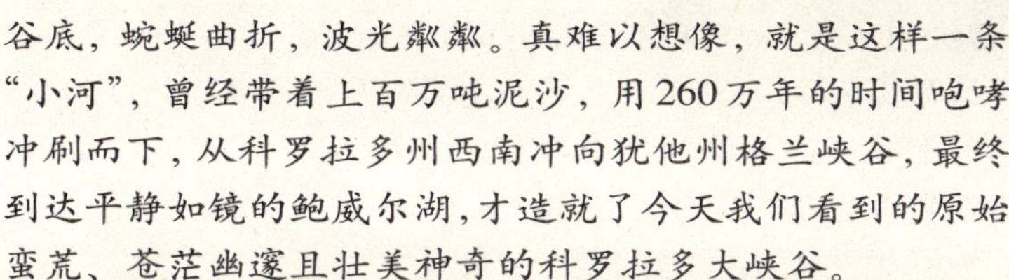
1963年，格兰峡谷大坝建成后，疯狂的科罗拉多河才有所收敛。如今俯瞰峡谷，科罗拉多河静静地像一条绿色的飘带，镶嵌在谷底，蜿蜒曲折，波光粼粼。真难以想像，就是这样一条“小河”，曾经带着上百万吨泥沙，用260万年的时间咆哮冲刷而下，从科罗拉多州西南冲向犹他州格兰峡谷，最终到达平静如镜的鲍威尔湖，才造就了今天我们看到的原始蛮荒、苍茫幽邃且壮美神奇的科罗拉多大峡谷。

正像当代美国作家弗兰克·沃特斯对大峡谷的评价：“这是大自然各个侧面的凝聚点，这是大自然同时的微笑和恐吓，在它的内心充满如生命世界脱缰的野性愤怒，同时又饱含着愤怒平息后的清纯，这就是创造。”

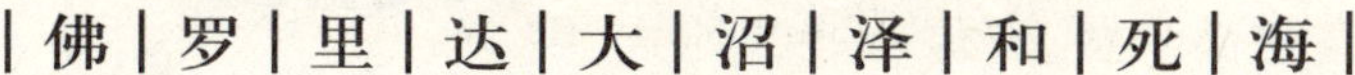
佛罗里达大沼泽和死海

位于美国佛罗里达州的大沼泽，属于亚热带沿海沼泽区。这里无数条浅浅的河流纵横交错，将整个地区划分成

一万多个小岛，岛上生长着各种亚热带植物，呈现出一派浓郁的南国风光。每年大约有50多万人来这儿欣赏美景，人们来这儿不仅因为它野趣横生，还因为这儿的远古风光。在这儿最著名的动物要属佛罗里达豹，当人们看到那些野生动物的时候，就好像回到了原始时代。在这儿游人能够荡起双桨，在小岛间穿梭前进，在浅河中来回漫游，尽情地领略大沼泽的美丽风光。另外值得一提的是，大沼泽地还是科学家们研究亚热带植物生态学最理想的场所。在本章内容中，主持人和国际世界组织官员就生态的保护问题，也做了一些有益的探讨。

佛罗里达湿地中茂密的植物

在美国的最边缘，佛罗里达最南端，有一处美国最独特的荒野，这就是佛罗里达大沼泽地。这里有4000平方公里芒果林，有密密麻麻的蚊虫，还有一条长满青草的160公里长、80公里宽、仅几米深的河。这里是野生动植物的乐园，是土著部落的居住地。对土著人来说，要在佛罗里达大沼泽地生存下来，就必须进入阴暗的丛林和蜿蜒曲折的隧道。曾经进入丛林和隧道的人，都对大沼泽地的美景和危险表示敬畏。

奥吉乔比湖是佛罗里达大沼泽地的液体心脏，它是继五大湖之后陆地上最大的淡水湖泊之一。它控制了佛罗里达大沼泽地的整个水系，没有山或河谷来约束它，湖水扩散开来淹没了大片土地，形成了一条长满青草的河和一片长满树的岛点缀其间的湿草地，这些岛屿成了动植物的绿洲，它是在深水池塘大量繁殖草木的基础上逐渐形成的，而在稍高一些、干燥一些的地方，则生长着大片的松木林。淡水在入海处与咸水混合。靠近海岸的地方，又是一片茂密的红树林沼泽地，这里更像是非洲，而不是美国。

佛罗里达大沼泽

在佛罗里达大沼泽地深处，有着众多类似外来的生物，钝吻鳄是佛罗里达大沼泽地的标志，它们在岸边的软泥中挖洞，就形成了供自己栖息的洞穴，雌钝吻鳄可在同一洞中栖息15年。在旱季，这些钝吻鳄洞，就是惟一的淡水池塘，因此被水吸引到这里来的其他动物，就自然成了钝吻鳄的美餐。钝吻鳄可能会从潮湿的巢穴中袭击这些动物，每样东西都有可能成为钝吻鳄的美餐。比如种类繁多的鸟类，在沿海吃红树根的浣熊也是它们的食粮。这儿依靠捕食其他动物为生的动物特别少，如佛罗里达豹在松林中觅食。

栖息在沼泽地的钝吻鳄

水下却是另外一个世界，海牛是一种专吃水下青草，奇怪但温和的动物，起初水手们还以为它是美人鱼，令人惊讶的是海牛与所有其他海洋哺乳动物，比如海狮、鲸海豚等都不相关，而是与大象来自同一进化家族。

是的，它们是哺乳动物，它们呼吸空气，生育小海牛，喂养小海牛，身上有毛发。但是它们的顺序很独特，有尊卑之分，它们与其他哺乳动物相比，更接近于大象。因为它们长着凸出的臼齿，牙齿是由颌的后部向前部运动，牙齿因咀嚼食物而被磨平后，新牙就会长出来，替代老牙，这一点十分适合于水栖哺乳动物。

生活在水中的哺乳动物海牛

靠近海岸处长满草的河与墨西哥湾的海水汇合，这片含盐的水域是各类动物的栖息地。大片红树林沼泽地，组成了一座岛的迷宫。红树是耐盐树种，它那令人称奇的适应能力，使得它的根部生长并扩展，这实际上帮助形成了佛罗里达顶端新土地。为避免盐的刺激，种子萌芽时，是依附在母树上的，只有当长出芽后，它们才掉入水中，开始生长。根部深深地植入泥土中，然后根茎开始吸附沉积物，土壤就会在根部形成。每一颗新红树就慢慢形成一个新的小岛，从佛罗里达大沼泽地入海口处沿着佛罗里达西海岸，这里有一座神秘的红树迷宫，确切地说是一万个小岛。

大沼泽入海口的红树林

主持人：上面介绍的这个沼泽地，不仅具有一些迷人的风光，而且还有丰富的动植物资源。像红树林，还有海牛、鳄鱼这些东西，对于普通人来说，的确是一个一饱眼福的好机会。但是也吸引更多的科研人员一批一批到那里去考察。为什么科研人员要那么专注地考察湿地呢？

陈克林：没有涉足于这个沼泽地的时候，都感觉到这里是没有用处的地方。给人感觉那个地方又臭又脏，而且是蚊虫苍蝇滋生很多的地方，还有些病菌或寄生虫，好像都发生在那些地方，给人感觉好像是比较危险可怕。其实，这个沼泽的功能，对人类、对自然起了相当大的作用，它被称为地球之肾。

主持人：自然之肾，肾脏的肾。

陈克林：对，自然之肾，可以举一个例子，就是因为很多水里面，有一些像工业用水，排下来的水有毒，或者是有各种元素，这种水缓慢地流进沼泽湿地以后，有毒的物质附着的那些沉淀物可能就被沼泽地慢慢的水流沉淀了。水就变清了。它就像一个过滤器一样，把水过滤了。同时，沼泽里面有很多的水生植物，比方说芦苇，它就有这个功能。芦苇的叶、茎，都可以吸收很多附着物，包括这些附着物身上本身携带着有毒的物质，它吸收以后在它的体内转换了。等到秋天、冬天来临的时候，人们把它割掉以后，把它运走，拉到工厂里面去造纸，这样的话，沼泽地就有一种降解毒素的作用。所以说我们就把湿地称为地球之肾，或者叫自然之肾。

主持人：说实在的，这个沼泽给我的印象是非常可怕的。如果像苏联的电影《这里的黎明静悄悄》，其中有一个小姑娘被派过去，执行一个任务的时候，就是死在沼泽地的。描写长征过草地的故事，好多战士陷在沼泽里头爬不上来就牺牲了。

陈克林：对，这个确实像我们国家现在的松潘大草原，就是过去红军长征25000里经过的地方，那个就是典型的沼泽泥潭地，如果不注意，陷在里面就再也出不来了。它的作用，除了解毒以外，还有消除洪峰的作用，就是当大水来临的时候，大面积的沼泽地，可以把洪水吸收了，所以人们把沼泽地誉为巨大的海绵体，等到雨季来临，大洪水来的时候，它就像海绵一样把水吸收了。等到旱季到来的时候，它又像水库一样，源源不断地提供人类用的水。当然它还有很多其他功能，所以说沼泽地，对人类来说是非常非常重要的。

在近百年中，另一种动物——人类大量涌入佛罗里达大沼泽地，人们在这里居住，开发和欣赏沼泽地的美景。

每天大约有700人搬入这个州，大多数人进入南佛罗里达地区，事实上人们必须处理的一个难题是：大部分人口增长的地方，正是世界生态系统最脆弱的地带。

密西西比中部最大荒漠有了一个新邻居迈阿密，它是美国发展最快的城市之一。当迈阿密不断向郊区扩展时，佛罗里达大沼泽地，受到了城市发展和日益增多农田的包围。迈阿密的老城是建造在海岸一条狭长高地上的，现在的迈阿密建在石台石岩地基上，几乎接近海平面。每年由于上百万游客的到来，使南佛罗里达州十分繁荣，但是大量游客涌进这个地区，意味着冲击了这里独特的野生动植物。

长久以来海牛吸引着人们，但它们一直没有被研究，没有被了解，要发现海牛的秘密很困难，因为很难把一只海牛与另一只区别开来，但是研究动物的专家终于做到了这一点。令人哭笑不得的是，正是最伤害海牛的东西，帮助他们做了这项工作，海牛的威胁来自于船只，在水中旋转的螺旋桨可能会划伤海牛，留下严重的伤疤。回到实验室里，采集到的海牛伤疤被收集到一个数据库里，科研人员共记录了1500只海牛，现在可以认识每只海牛并跟踪它们的行动。在一些海牛身上装上无线电发射机，这样科学家们可以远距离跟踪它们，使用这些数据科研人员发现，海牛从佛罗里达大沼泽地的家，进入佛罗里达北部，超出了它们一般的活动范围，这是为了寻找没有危险的更合适的生活环境。这里过去是一片松木林，但现在已被一种外来致命的植物毁坏了，起初这种植物是由园林工人带到佛罗里达的，它叫巴西胡椒。

这种树是一种卖给所有花房的外来植物，它们像是装饰性植物，然而这种树结出的小浆果数量很大，鸟吃了后，就随鸟粪散播开来，散播到哪儿就在哪儿生长出来，这样仅在一年时间，就长成一片大林子。以前这里是佛罗里达大沼泽的一片空地，现在却是另一副样子了。

外来物种巴西胡椒侵人了松木林

巴西胡椒总共覆盖9000英亩的国家公园土地，它们缠绕在一起难以穿过，刀割、火烧、除草剂等方法都试过了，都不能清除它们。它也增加了佛罗里达大沼泽地自然表面的危险，因为这些是有毒青藤的近亲。树叶可使皮肤起水泡，花朵可引起眼睛瘙痒和头痛，这是一种生命力很强的植物，由于普通办法没能组织胡椒的扩散，具有完全杀伤性的方法被研究出来了。每一寸长有胡椒的土地都不放过。但这仅仅是开始，胡椒树一旦被伐倒，就被一台巨大研磨机研碎。即使这样，也不足以阻止剩下部分长出新的来，因此每寸土壤都需要被铲过，堆放在一起，并被运走，这样所剩下的只是光秃秃的石灰石底部，就剩下一个不毛之地的空间。

因巴西胡椒而丧失的数千英亩松木土地，对佛罗里达最庞大动物豹有着影响，现在南佛罗里达大约只剩下70头豹了，它的数量如此之少，其遗传问题尤为突出，它们已因近亲交配而遭受痛苦。野生动植物专家达雷尔兰德，就正在研究由于失去栖息地而引起的这种影响。

现在，把最后的希望寄托在增加基因库上，为此，已经引进一些得克萨斯猫，把它们放在佛罗里达豹活动区，希望这种新的遗传材料，能恢复佛罗里达豹家族遗传的多样性。这样它们不会只是因纯遗传的原因而灭绝。

佛罗里达豹

这种繁殖计划已产下5只杂交小猫，但现在说豹能否恢复还为时太早。佛罗里达沼泽地其他动物奇怪变种，对这里最著名的居民钝吻鳄的影响也令人担忧。最近对钝吻鳄的测试表明，它们也存在与性有关的发育畸形问题，是什么引起这些变异呢？专家认为这与过去50年，人们改变自然的行为有关。第二次世界大战以后，在乐观主义发展的年代里，开始启动抽干佛罗里达大沼泽地的行动，从北部蜿蜒的“吉西米”河开始，这条河水维持广大的沼泽地生存环境，它被改成了运河，围绕1600平方公里的奥乔比湖，建成一座10米高的防洪大堤，湖的四周还建成一张运河网，进一步排干水，用以变沼泽为农田，现在可以把水很快地抽到所需要的地方，这一切最终使沼泽地可用于建设，迈阿密城就此迅速膨胀。原来佛罗里达大沼泽地留下的部分，在1947年被圈了起来，这就是今天的国家公园。

为了使水按人类的旨意办事，佛罗里达大沼泽地在被

佛罗里达国家公园一瞥

1600公里运河、1400公里长的大堤、几百个渠道和水闸排干。从上一个冰河时期开始流动的水，被重新探明，产生了上万英亩富饶的可灌溉的农田，南佛罗里达成为美国的粮仓。随着大自然被征服，未来看起来很光明，但是现在流入的水流经20世纪50年代开垦的农田，这意味着它带有农药和农业化学物质，鲁伊斯教授怀疑这些化学物质引起了钝吻鳄的变种。

鲁伊斯·贵莱特说："钝吻鳄是沼泽地中最古老的居民，我们知道的一件事情，就是它们堆积毒素。任何到达食品链的毒素都堆积在它们体内，因此事实上我们担心的一件事情是农业化学物质。农药也许会引起我们在钝吻鳄身上看见这些问题，但是在田野里你证明不了这一点，你只能说这只是有关联，你必须到实验室里做实验，通过把胚胎放到农药环境中，看看是否能够出现田野中的这些问题。"

为了证实他们的疑问，鲁伊斯教授和他的小组把化学品用于钝吻鳄蛋上。

鲁伊斯·贵莱特："我们实际发现的结果是各种农药，是其他佛罗里达使用的现代化学品，如果把它们用于钝吻鳄的蛋上，就能看到在田野中遇到的相同畸形问题。"

恢复佛罗里达大沼泽地的原状工作正在进行，新一代科学家启动了历史上最雄心壮志的土地恢复项目，将为期25年花费100亿美元，这次计划不是驯服自然，而是把自然恢复到荒野状态，把农田重新淹没。这就意味着会把农田中的化学物质溶解到水中，这也许会拯救剩下的部分沼泽地，但它带来的看不见的变化，也许会使这里的生活，比以往更加危险。

死海景观之一

目前我们把保护环境看作全人类的一项神圣使命和职责，在这个呼唤生态文明的时代，我们再也不能忽略大自然的生命原色、人类以及其他生物共同生存的这个绿色家园。同样，我们也要保护素有地球肾脏之称的湿地资源。离开北美洲以后，让我们到亚洲去看看另外一个自然奇观——死海。其实死海不是海，它是地球上最咸的湖泊，因为湖水当中盐分很高，生物在里面无法生存，所以才有这个名字。死海的水面是地球上陆地的最低点，所以它还有地球肚脐的别称。由于这里的湖水浮力很大，人们在里面游泳不会下沉，所以一直以来死海都被当作一个非常奇特的旅游胜地，后来人们还发现死海的水可以治病，于是随着媒体的广泛宣传，游客络绎不绝，特别是一些皮肤病和风湿病的患者，更是经常光顾此海。虽然人们在这里游泳没有死亡之忧，但是死海本身却面临着死亡的危险，一些环保人士甚至认为，死海只剩下50年的寿命了。下面让我们一起和亲自去过死

死海景观之二

海的殷罡先生聊一聊这些话题。

主持人：很多人对死海并不陌生，因为我们上学的时候，就有一篇语文课文叫做《死海不死》，但是我想能够亲自去死海看一看的人恐怕不多，因此我们就和中国社会科学院西亚非洲研究所的殷罡先生，谈谈他到死海之后的所见所想。

主持人：您去死海欣赏的时候是一种什么感觉呢？

殷罡：死海去过许多次，每一次去都给人一种强烈的震撼，死海这个自然景观和其他地方有些不一样的就是它周围沉淀了许多历史，《圣经》记载的许多故事都是在死海周围发生的，如果你对这些历史有一些了解的话，你在看到这种景观的时候，感觉就不一样。死海的景观有这样一些特点，就说你看到它是非常苍凉，非常古朴，联想到它见证过的这些历史，就会感觉到一种发自内心的、身不由己的震撼。

主持人：您的意思是不是我们在欣赏死海的时候，应该把这种自然景观苍凉古朴的感觉，以及它周围的人类古文明的兴起衰落，这样一个往复的过程，结合起来，我们才能更好地去理解，去欣赏死海？

殷罡：对，这样最好。

死海是震撼人心最为壮观的世界六大自然景观之一，这里是地球最低点，低于海拔400米。死海之名是贝都因游牧民族给起的，在后来的15个世纪内，只有他们在死海沿岸出没。死海距地中海110公里，位于以色列约旦边境上一条大鸿沟的底部，死海的海岸线离耶路撒冷城只有20公里，但是它的地势却比耶路撒冷城的海拔高度低1200多米，约旦河河水流入死海，实际上死海是一个由南北两部分组成的80公里长的盐湖。北部是一个深水盆地，南部是一个稍浅，海水为淡蓝色的盆地。死海是没有出海口的，地处沙漠中心地带，由于干旱缺雨，使得海水迅速蒸发，海水内矿物质含量比地球上任何一个海洋高出10倍以上。死海是许多被毁灭的城市、传说中文明发生的地方，并且是自然灾害频发和人类冲突多发之地。这里肆虐的沙漠造就了伊斯兰教、基督教和犹太教。在古书中记载，死海的历史是从索多玛和阿莫拉等城市被毁灭的传奇故事开始的。以色列和约旦的边界线是从死海中心穿过的，现在随着约旦河流量的萎缩，死海海平面将会继续下降。

在死海的夏季最高气温可达摄氏50多度，由于死海海水含有大量矿物质，所以毒性很强。死海海内没有任何生物可以生存下来，如果你喝一杯死海海水，很快就会导致死亡。在传说中，死海被人们看作是荒漠之地，就是因为海水中致命的水蒸气和有毒的水制造成的，然而正是这些有毒的物质，最终又使人们重返这里，开发死海丰富的资源。每年有成千上万游客聚集死海，亲身体验海上飘浮而不下沉的滋味，这是由于死海有令人难以置信的浮力，他们在海水中沐浴，飘浮，寻求奇妙的海水疗效，游客们尽情地往自己身上涂抹产自死海海中的黑泥，这是因为死海中的黑泥富含多种矿物质，涂抹在身体上有延缓衰老减轻皮肤瘙痒、帮助细胞再生的作用。由于死海的海拔高度低于海平面400米，所以只有少量紫外线照到死海海岸上，而这些少量紫外线又可以减轻某些皮肤病的症状。死海作为一个大型康复疗养地，非常受人欢迎，这可以追溯到远古时期。

漂在死海水面的疗养者

放到海水中的任何东西，不出几日就被裹上一层厚厚的盐，这对居住在这里的居民来说，意味着要与自然做长期斗争，有一条船叫“罗德七子”号，可能是死海上惟一的一条船，对罗德七子号船长莫迪格南来说，对付沉积的盐惟一办法是沉入水中把盐巴砍掉。死海海水密度比淡水约重30%，一个人需要绑上约60多公斤的铅块，才能沉入水中，而且必须使用一种适于在受污染的

水域潜水的特制面罩，否则就会结成盐块。潜入海水中的人身体所受的压力是很大的，这是由海水密度所决定的，在海水中敲击结成块的盐，是一件很辛苦的事，既要承受压力，又要用力打击，所以不能长时间在水下工作。

船的部件上沉积了大量的盐晶体

越是靠近死海南部气候就越炎热，水变得更浅，死海的南部盆地，就成了一个蒸发迅速的大池塘，随着气温的上升海水蒸发量就越大，蒸发掉的水分也就越多，这样海水含盐量当然就很高了。

每年春季死海中都会长出许多直径6到7米宽的巨大盐蘑菇，形成奇形怪状的盐生成物。约在300万年前，由于地质变迁，死海被一分为二，在约旦海岸有一个名叫姆基普的河道峡谷，这里的岩石是5亿年前的沙质石，这种石头不是在海洋中生成的，而是由远古沙漠中的沙子挤压而成，在历经几千年河水冲刷的地方，仍可清晰地看出流动沙丘冲刷的印迹。在死海的两边存在着明显的差异，一边是沙石沙漠，另一边是石灰石的海，这表明死海的分开并不简单，不同质地的岩石证明了死海两边分开有100公里。

死海中形成巨大的盐蘑菇

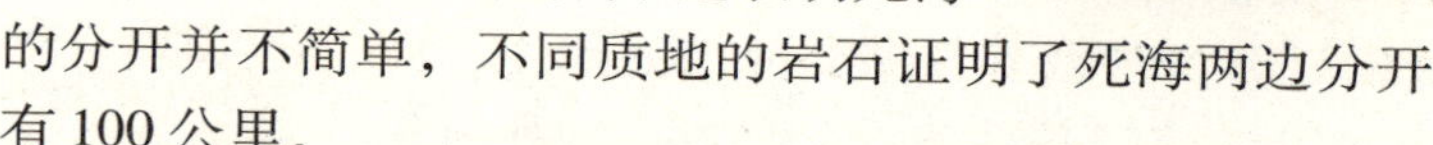

25年前，艾立拉兹来到死海，正是死海的美景激励他成为地质学家，并在此地求索死海的成因。在这些峡谷的石灰石盐床中有很多化石，艾立教授从化石中得出结论，早在6000万年到9000万年前，这些岩石是在热带海洋的底部，它们比死海本身要古老得多。

死海很好地记录了中东史前气候状况，影响死海海面的气候反过来也反映出沉积在下面的沉积物种类，最近慈威教授采用了海床上面5米的沉积物作为核心样本，经过科学测算，从中找出了远在基督时代的气候状况。

2000年前死海地区的气候要比现在湿润得多，易于农业生产，但大约在因格地部落消失时，海底沉积物的变化非常大，沉积了更多盐分，这意味着海平面在下降，气候变得越来越干燥。地球的板块运动学说证明了这一点，由于阿拉伯板块向北移动时，产生剧烈运动，并造成了一系列垂直和水平断层，因此出现了地壳内最深的洼地。大约在75000年前，地中海海水涌了进来，在冰河时期海平面下降，海水分离。后来随着气候越来越热，越来越干，湖面开始蒸发，随着湖面的下降，湖水的盐度也越来越高，事实上死海只是我们地球上最大裂缝——非洲大裂谷的一部分。尽管死海表面十分平静，但海床仍处于开启状态，当两个大陆板块分开之时，这里又发生了强烈地震，这些破坏性力量不仅造就了巨大裂谷，而且也给生命提供了独特的活动场所。

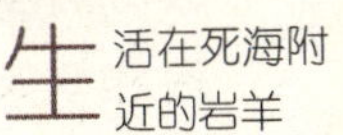

生活在死海附近的岩羊

深谷也是大多淡水泉的自然出水口，泉水给贫瘠的荒漠带来生机，这里发现了许多物种，如岩羊，它是从非洲迁移而来的，可以追溯到非洲和阿拉伯板块分开的那个时期。右图的兔子叫提兔，硕大的提兔在非洲大裂谷中随处可见，它看上去像鼠类，实际上它却是大象的远亲。死海地区的人类历史，与这个地区的地质状况是紧密相连的。有着特殊地貌特征的死海，成了人类活动的场所。

提兔

死海给人以震撼的地方是它沉寂的历史，《圣经》当中描述的很多故事，就是发生在死海周围，如果你对这些历史有所了解的话，再去观看死海感受就不一样了。当我们欣赏死海的时候，会发现它非常古朴、非常苍凉，如果把这种古朴苍凉的感觉，和发生在它周围的人类古文明往复兴衰的

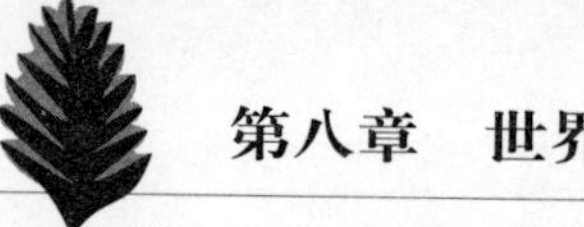

过程结合起来，去想象一下发生过的历史，你的内心会受到深深的震撼，而只有这样你才能更好地理解和欣赏死海。

几千年来，流水冲刷石灰石后形成的溶洞，一直是死海地区人民防止外敌入侵和生活的场所。这不止是个故事，而是有事实根据的。在死海沿岸的“库姆兰”地方的洞穴中，有20世纪最伟大的考古发现。一个贝都因牧童在死海附近的洞穴旁寻找自己丢失的绵羊时，在上百个洞穴中的其中一个发现了一堆陶罐，每个罐中都装有2000多年前的羊皮卷轴，他总共找到了200多本手抄本。这些经文之所以能完整保存下来，是由于死海地区特殊的气候条件，这里湿度极低，空气特别干燥，又远离光线和热量，洞内气温和湿度恒定，使得这些古卷能够流传至今。

发现了2000多年前死海古卷的溶洞

主持人：我们欣赏死海要把自然景观和人文历史上的东西结合在一起谈，您去过以色列，请您给我们谈一下关于死海古卷的一些逸闻趣事。

殷罡：《死海古卷》的发现被称为是20世纪考古最大的发现，还没有“之一”这两个字。它的发现引起了宗教界和史学家的一种疯狂般的兴趣。它解决一个什么问题呢？由于《死海古卷》，保留了几千年以前的原貌，人们就想找一找现在我们看到的《圣经》版本。现在我们读到的历史记载，跟当初的原始记载有什么不同？《死海古卷》的中译本只不过是《死海古卷》发掘出来以后，最初的小部分研究成果。

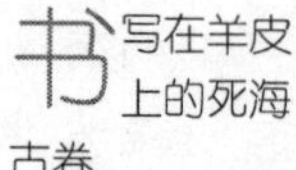
书写在羊皮上的死海古卷

大概在公元50年，这个时候矿产资源和农作物给死海地区带来了大量财富，从而建立了世界上最令人称奇的考古奇迹之一——神秘消失的培特拉城。培特拉城位于死海南部130公里处，1812年被发现，此时培特拉城已消失了近150年。这是由名叫那巴提阿族的人们建造的，他们既不是阿拉伯人，也不是犹太人，他们有自己的宗教和上帝。在一世纪和四世纪间，控制了死海整个东海岸。培特拉城是沙漠中的贸易城市，是经济王国的中心。人们用骆驼将原材料运到这里交易，有的还出口到其他文明世界，那巴提阿人沿着神奇的峡谷建造了培特拉城，那时的建筑技术已经相当发达。

沿着峡谷修建了通往培特拉城的渠道、水管和蓄水库，造成培特拉城消失的一个可以肯定的原因是一次大地震，大自然的破坏是根本原因。现在正进一步挖掘证据，有可能发现历史名城索多玛和阿莫拉的位置。对考古学家来说，索多玛和阿莫拉这一最著名的古老文化的灭亡，可能会比《圣经》故事更有意义。尽管缺少确凿证据，但人们还是一直认为死海南部，位于现代约旦的这块贫瘠土地，就是索多玛和阿莫拉城位置所在。死海地区有不少消失文明的遗迹，从因格地部落到培特拉城，从马萨达城堡到库姆兰，地质学家在死海南部的沉积物中，发现了大量气体燃烧的痕迹。如果通过地震，这些可燃气体只需要一丝火花就能引燃熊熊烈火。这个悲剧真的出现了，一个巨大火球降落到城市上空。巴巴德拉上面的岩石就是大地震造成的。地震可能导致火从天而降，在这种灾难性历史中，毁灭是少不了的了。

培特拉古城遗迹

主持人：我们提到这两个城市的毁灭是因为地理原因造成的。

殷罡：对，是一种地质变动造成的。由于地震，然后海底的可燃气体出来，点燃了陆地上的硫磺。这种说法还是比较可信的。

乌迪·以乍克每天在沙漠上辛勤耕种。盐分渗入土壤，混入尘埃，甚至空气中都含有盐分，因此得从很远的地方引来泉水灌溉，同时也是为了对付土壤中日益增多的盐分，不光是高温，还有盐分，必须洗掉它。如果停止浇灌植物，盐分又会回来的。在这些土地中，大约70%是石块，不利于种植，这也是必须除去石块的原因。但是这块贫瘠的土地是可以变成沃土的。现在是严冬，离耶路撒冷开车仅半小时路程远的地方，就有霜冻，但是由于死海低于海平面，又比耶路撒冷城低1200米，所以死海的气温要比耶路撒冷城高很多，是热带气温。

以色列人借助于现代灌溉技术，大力开展旱作农业、沙漠农业、咸水农业，将沙漠改造成绿洲。过度开发死海使得死海的总体平衡，正处于危险之中，今天整个死海南部是一个大型工业基地，每年仅在以色列这边，就有大量死海海水被抽到太阳池蒸发掉，用于工业生产，人们在远处就能看到这些工厂。现在已建造了一个面积为5平方公里生产工业用矿物的大型蒸发池，蒸发出的矿物包括镁、溴化物，其中最为重要的是氯化钾，每年有近500万吨矿物及大量化肥，就是从这里提取的。在这种工业化生产中，农业生产的水源受到挑战，大量工业废水排掉，不仅影响死海工业的进一步发展，还会加剧土地沙漠化，这给死海开发利用敲响了警钟。原来就是从这工业生产中，以色列人和死海周边的人民没有忘记水对于他们的重要性。水是沙漠中生命之根本，虽然是废水、咸水和污水，经过他们处理，这些宝贵的水资源又用于农业灌溉。

死海南部的工厂

殷罡：我国西北地区和以色列的情况有许多相似的地方，一个是它干旱缺水，再有一个它有一些水也是咸的，苦的。

主持人：一说到这个开发大西北，我就想到可能很多从西北地区坐火车路过的朋友们，都能记得在宁夏中卫地区，它是产水稻的。不是有那么一句话嘛，叫做天下黄河赋宁夏，宁夏黄河赋中卫，也就是它的那个黄灌区，但是它这种种植水稻方法是大面积引入黄河水，采取大水漫灌的形式，这个代价可以说是非常高昂的。

殷罡：代价非常高，它高到什么程度呢，它每一亩地要用七八百吨水或者是上千吨水，种一斤稻米就要耗一吨水，什么概念呢，就等于你拥有多大面积的稻田，就等于你每年就要消耗多大面积的像什刹海、北海这样的湖泊，这个确实是太浪费了。

主持人：根据一些专家的判断，就说前几年黄河断流，就是由于上游地区对黄河水的资源，不加以合理利用，浪费掉了，所以导致下游用水紧张，导致了黄河的断流。

殷罡：对，正是因为考虑到这种危机，从几年以前开始，国家实行了黄河全流域水的调度，效果还是不错的。

死海的水源供应是影响死海发展的重要原因，没有水源的补给死海将面临枯竭。在死海北部只有涓涓细流注入死海。由于分流筑坝灌溉项目遍布约旦河谷，把沙漠中的每一滴淡水都抽走，以满足人口增长的需要。结果是减少了曾经是滔滔河水的约旦河的水流量，人们不仅毁灭了死海的过去，也威胁着它的未来，不可避免的是死海将被抽干。如今死海整个南盆地已被抽干，只要人工蒸发池存在一天，那么抽水将持续一天。以目前速度，海平面在本世纪将下降100米，这将引起灾难，死海海岸正在崩塌。在过去两年中，死海开始出现灰盐坑这样的地质现象。这些坑有10米深，是在没有任何先兆的情况下出现的。科学家从记录中发现，每一个新的灰盐坑都在以新的速度逐步扩张。过去它们只集中在死海南部，而现在这些坑越来越往北扩展，现在整个死海都可以看到这种现象，几乎每天都有新坑出现。科学家经过两年多研究，已经总

结出一套与海平面急剧下降直接相关的理论。这可从横断面中看出，死海海面下降时地下盐层下降，然后雨水融化了地表的盐，出现了大的地下空隙。不过脆弱的地表掩盖了正在出现的灰盐坑。惟一出现的征兆，可能是表面有一点点下陷，突然没有任何先兆就塌陷了。这是一个自然界对人类过度开发而报复最为明显的例子，也许这只是刚刚开始。如果我们不假思索地开采下去，地球上这一自然景观将会消失。这是我们人类的一大悲剧，然而人们正想尽办法来挽救死海，比如将红海海水引入死海，但这只是个设想。

死海海岸崩塌造成的灰盐坑

死海的整个历史，不论从环境角度，从地质角度，还是从历史角度来讲，都充满了灾难，如今这个独一无二的海洋资源正在萎缩，这也是一种灾难。

人类是万物之灵，是自然进化过程当中最自然、最高级的生命形式，但这并没有赋予我们役使自然的特权，反而给予了我们一种特殊的责任，那就是应该善意地对待自然，细心地照顾自然，只有保持它的丰富和完整，我们才能得到自然最丰美的赏赐。

乞力马扎罗山和艾尔斯岩

被誉为非洲屋脊的乞力马扎罗山，位于赤道附近的坦桑尼亚的东北部，是肯尼亚和坦桑尼亚的分水岭。由于地处赤道附近，而且山顶终年积雪，所以它又以赤道雪峰而闻名于全世界。乞力马扎罗山是目前仍然活动的一座火山，它的山顶有一个直径约1800米的火山口，在火山口的周围布满了冰雪。在古代阿拉伯人的心目当中，乞力马扎罗山是一座令人陶醉的山峰，它飘忽不定，很多人都渴望能够来到它面前，但永远也到不了。如今攀登乞力马扎罗山和观赏赤道雪峰的奇特景观，已经成为众多旅游爱好者的向往。

这是非洲最高的山峰，它接近6000米的高度，成为非洲距离天堂最近的地方。这是一座有悖常理的山峰。它地处热带，山顶却终年覆盖着皑皑白雪，而且这里的冰雪竟然诞生于热与火的洗礼之中，大约在2000年的时间里，它只是传说中的雪山。西方科学家曾经一度拒绝承认这样一座大山的存在，但是对于那些世世代代居住在山坡上的人们来说，它是他们全部信仰的化身。乞力马扎罗山位于坦桑尼亚与肯尼亚交界的东非平原，从纬度上看它距离赤道只有3度，它的主峰高达5895米，是全世界最高的独立山峰。

非洲最高的山峰乞力马扎罗山

在这颗行星上，乞力马扎罗山是从热带到北极的最短捷径，从它底部平坦的热带草原到山顶只有24公里，然而却覆盖了相当于水平一万公里距离内的各种类型的气候带。环境的多样性，让这里成为野生动植物梦寐以求的家园，但是它那脆弱的生态正在发生着改变。

如今整座乞力马扎罗山已经处在威胁之中，然而它那令人难以抗拒的魅力，依旧吸引着每年数以千计的西方游客，所有人都希望能够登上这个非洲的白色屋脊。来自英国的10人徒步旅行小组用6天的时间来领略山上的各种环境。第一天徒步旅行者必须穿越山脚浓密的热带雨林。由于是雨季，这里既泥泞又潮湿，行走非常艰难。对于这些旅行者来说，这片雨林是他们登山路上的第一个障碍，但是对乞力马扎罗山而言，雨林是这个独特环境的“心脏和肺”，每年1600豪米以上的雨水降落在这里，这一降雨量是伦敦的两倍，充沛的降雨让乞力马扎罗山

成为地球上最湿润的地方之一，也让这里成为各种热带植物的天堂。森林就像一块巨大的海绵，一个雨水贮藏机器。它充分吸收和使用每一滴水。

乞力马扎罗山中的瀑布溪流

浓荫遮蔽的树木，好像高高的顶棚保护着地面。当热带倾盆大雨来临时，雨水经由各种植物慢慢的滴落，这样土壤就不会被冲走。而且。森林中的灌木、苔藓和更小的植物又可以吸收空气中多余的湿气。通过这种方式，雨水被很好地吸收，并且渗透到火山中心；经过熔岩的过滤，几个月后，它将以纯山泉水的形式再度出现。所以尽管每年只有6个月时间下雨，但是乞力马扎罗山的泉水整年都奔流不息。

正是这茂密的森林成为野生动植物的幸福的家园，从最大的哺乳动物，到最小的生命，都可以从这里得到食物和庇护，许多在乞力马扎罗山上生活的物种，比如长发“疣猴”在别的地方都无法看到了。因为这种浓密遮盖的森林在东非已经消失殆尽，这些绿色山坡是外来野生动植物的避难所，在旱季干旱平原上的水洼日益缩小，就连大象也来到了这里，其实所有生命以及生命所赖以生存的气候，都有可能不复存在。如果当初没有那些突发事件，就不会导致这座独一无二的火山诞生。

躲在树干后面的疣猴

乞力马扎罗山下是一个采石场，当地居民在这里开采来自乞力马扎罗山的火山石，正是在这些不起眼的石头里，凝固着乞力马扎罗山形成时的恢宏乐章中的每一个音符。对于当地居民来说，这些火山石是用于建房的珍贵材料。但是对于地质学家而言，这个采石场也是得以一窥古火山中心秘密的窗口。有些石头很轻，很容易被切断，但是抗压强度却很高，这是因为整块石头里都充满了孔洞。正是当年熔岩喷发，然后冷却的结果。但是要形成如此庞大的火山，地下压力从何而来呢？

乞力马扎罗山向东80公里，就是地球表面最大的伤痕——东非大裂谷。这道壮观的天堑从莫桑比克延伸到中东，沿途分布着一系列火山。地下深处奔腾的熔岩浆形成了裂谷，上升的岩浆迫使上面的地壳弯曲，断裂并且分开。这导致了峡谷两边承受巨大的压力，从而断裂。岩浆从中喷涌而出，形成了火山。在两条压力断裂带的交接处，正是乞力马扎罗山的诞生之地，但是仅此还不足以解释乞力马扎罗山为什么会这么高，它似乎是大自然的一个反常行为，这也许是因为乞力马扎罗山的主要喷发中心不是一个，而是至少三个，它由三个火山峰组成：希拉山、马文济山和基博山。

乞力马扎罗山旁边的东非大裂谷

100万年前，这一区域只是一片平坦的河谷。在大约85万年以前，开始了一系列熔岩喷发，结果形成了希拉火山。大约50万年前在东边爆发出第二次大规模喷发，第二个火山峰——马文济山由此诞生。最后一个山峰——年轻的基博山，在30万年前才开始喷发，然后它迅速抬升，很快超过了相邻的两座山峰，达到了近6000多米。最后，这些山峰被岁月侵蚀，只剩下凹凸不平的火山口。200多年来，基博山没有再喷发过。

在乞力马扎罗山的火山口附近，800米宽的巨大灰坑依旧是热的。总有一天，它还会再一次喷发。乞力马扎罗山只是在沉睡着，而这正适合徒步旅行者。在海拔接近3000米的地方，登山者度过了在乞力马扎罗山上的第二个清晨。他们发现，虽然是在热带，却已经快被冻僵了。

在这里，他们终于第一次清楚地看见了此行的目标——山顶。2000年来，这座非洲上空的“灯塔”激起了西方人无穷的想象。公元二世纪，罗马地理学家最早记录了在尼罗河源头有一座大雪山的传说。在12世纪，人们相传越过凶残的食肉动物领地，就会看到一座高大的白色山峰。但是直到400年前，才有人来到它的山坡上定居，他们就是

乞力马扎罗山顶的火山口

查加人，在查加人的语言里，乞力马扎罗的意思是“泉水之山”。从17世纪以来，这些山地居民就与乞力马扎罗山和谐相处，对于他们来说，被雪覆盖着的基博山，代表着他们的信仰。

而此时，在欧洲人的地图上，整个非洲大陆内部只是一片空白。1848年一位名叫雷德曼的德国传教士被传说中的雪山吸引，来到这里探险。在一座遥远山峰的高处，他看到了一块耀眼的白云，就在那一刻，他意识到传说是真实的。他看到的是一座冰雪覆盖的高峰，当地部落称之为乞力马扎罗。

当雷德曼回到伦敦，显赫的皇家地理学会会员们却不肯相信在热带非洲可能存在这样一座雪山。有人甚至写道：雷德曼先生的记载是不可靠的，他的证据是凭空捏造出来的。12年后，新的报道证实了乞力马扎罗山的存在，激励人们竞相成为征服山峰的第一人，但是直到1898年在查加人向导的帮助下，著名登山者汉斯才最终完成了这一壮举。

乞力马扎罗顶峰的积雪是常年不化的，甚至还存在着众多千奇百怪的冰川，这种现象引起了人们极大的兴趣。乞力马扎罗山虽然在赤道附近，但由于主峰高耸云霄，越过雪线，一般气温在零下34摄氏度，山顶终年白雪皑皑，早冰覆盖，但在乞力马扎罗山的山腰上，覆盖着一层肥沃的火山灰，这是种植咖啡、花生、剑麻和茶叶等经济作物的好地方。而在山脚下，气温可以达到摄氏四五十度，到处长满了热带森林，野生动物成群。咖啡片片，呈现出一派热带风光。

在查加人心中，乞力马扎罗山绝不仅仅是一处壮美的自然景观，它是一切生命的源泉。从这座山看下去，这里很像是原始森林，但实际上却是一个小镇。这里的人口密度是每平方公里650人，相当于大都市郊区的人口密度，但是他们却被树木很好地隐藏了起来。因为查加人并没有毁坏森林来建造农庄，他们用这里的自然环境，开发了一种独特的农业形式：树园。在树园中，就像天然森林一样，各种不同高度的植物错落有致，从而彼此保护，高大的树木如芒果树，可以用来遮蔽香蕉。而香蕉树则可以庇护更小的作物，比如咖啡。

在400平方米的土地上，查加人可以同时种植30多种作物，直到上个世纪末，欧洲农民来到这里，他们迫切想要分享乞力马扎罗山丰富的资源。和查加人不同的是，他们砍伐森林，大面积种植经济作物，例如咖啡。随着现金经济的进入，为了挣钱，查加人也不得不在种植园里劳作。

乞力马扎罗山角下的种植园

现在徒步旅行者已经走了三天，队伍正在接近4000米的地方。攀登者在火山再次喷发之前，这座山不会有自然灾难。但是现在，一种完全不同的环境灾难正在日益威胁着乞力马扎罗山，这一次是人为的。

1977年，海拔2400米以上的区域被划为国家公园，用来保护和保存乞力马扎罗山脆弱的生态，但是国家公园需要借助旅游业来筹集资金。于是每年一万八千名之多的旅游者前来登山，这给乞力马扎罗山带来了许多问题。紧随着这些旅行者而来的，是他们每人带来了5.4名以上的搬运工和向导。在一些常走的线路上，许多方便小屋被建造起来，用于接待大量游客。而且，这些小屋方圆3公里范围内，原来低矮灌丛的风景已经荡然无存，它们被砍掉用来烧柴。更为糟糕的是，哪怕是来自篝火的一点点火星，也可以引起森林大火。现在，在乞力马扎罗山经常可以看到野火。有一次，数千平方公里的高原动植物栖息地在几小时内被完全毁掉。

对于年轻的查加人来说，人与山之间神圣的联系被割断了。一些人转而对抗他们曾经崇敬过的森林。那些携带武器的看护人，在寻找偷盗者，这里的偷盗者不是猎取动物，而是偷盗树木。像樟木这样的稀有树种，除了在这些受保护的森林里，在其他地方都已经消失了。这种树是

家具厂的珍贵木材，在国际黑市上价值数千美元。偷盗者如果被看护人发现，他们会被抓捕，甚至被当场开枪打死，但是对于贫穷的查加人来说，为了丰厚的回报，他们不惜铤而走险。

乞力马扎罗山森林里有许多的珍稀树木

一棵濒临灭绝的波达卡帕斯树可给村民带来的利益，是他们在种植园或采石场工作酬劳的100倍。看护者找到了一棵被盗伐的樟木。偷盗者已经逃走，但是破坏已经无可挽回。每一次这样零碎的破坏都会严重损害森林发达的储水系统。在每一棵被砍伐的树的位置都会出现一个大洞，失去树木繁茂的枝叶，森林在旱季就不可能储存雨水，雨水还来不及渗入岩石补给山泉，就流失殆尽。这条河现在的年流量仅仅是20年前的一半。1984年灌溉平原的河流干涸了，这里是地球上最湿润的地方之一，然而却发生了庄稼欠收，上千人死于饥荒的惨剧。

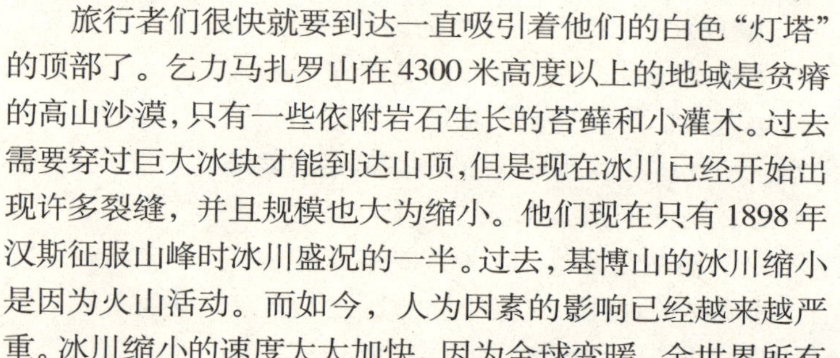

旅行者们很快就要到达一直吸引着他们的白色“灯塔”的顶部了。乞力马扎罗山在4300米高度以上的地域是贫瘠的高山沙漠，只有一些依附岩石生长的苔藓和小灌木。过去需要穿过巨大冰块才能到达山顶，但是现在冰川已经开始出现许多裂缝，并且规模也大为缩小。他们现在只有1898年汉斯征服山峰时冰川盛况的一半。过去，基博山的冰川缩小是因为火山活动。而如今，人为因素的影响已经越来越严重。冰川缩小的速度大大加快，因为全球变暖，全世界所有冰帽都在融化。如果冰川继续以这种速度缩小，用不了100年乞力马扎罗山著名的雪就会全部融化消失。

乞力马扎罗山山顶景观

在天气破晓以前，气温下降到了摄氏零下31度，一支登山队伍已经在漫漫长夜里艰难行进了6个小时。现在对于他们来说，严峻的考验即将结束，胜利就在眼前，在乞力马扎罗山第一抹灿烂阳光的照耀下，这些徒步旅行者终于到达了山顶。他们终于登上了非洲的屋脊，这个高于平原近6000米的地方，这将是他们永远也不会忘记的一次经历。

自从第一个白人看见乞力马扎罗山以来，数以万计的西方人来到这里，欣赏它壮美的景观、丰富的生态，以及险恶的地貌，但还会有多少人能够再次拥有这样的经历呢？过去人们和这座山和谐相处，但是如今乞力马扎罗山，却面临着来自各方面的压力，如果不能找出一种既能够让大家欣赏而又不破坏它的方式，那么几个世纪以来，一直吸引着人们来到这里的力量和美景将不复存在。

乞力马扎罗山意思是明亮美丽的山，可是很多人在没有看到这种赤道奇景之前，都不相信它的存在。从飞机往下望去，它就如同一个硕大玉盆一样，盆底还有缕缕青烟冒出，毕竟登上山顶的人是少数。接下来让我们去看看另外一个自然奇观——艾尔斯岩，艾尔斯岩由于地处澳大利亚沙漠的中心地带，所以更少有人能够亲眼目睹它的雄伟和壮观。艾尔斯岩是最古老的岩石之一，它是一处以地质景观为主，集地质生态和人文于一体的综合性景观。如果从空中俯视，这块椭圆形的红石，就好像茫茫大海上的一座孤岛，这块占地9平方公里的地球上最大的单体岩石，被人们称为魔石，它又像一头巨象一样，雄居在沙漠之中，而且身体还能够随日光的变化发出不同的颜色。

乞力马扎罗山壮丽的风光

在澳大利亚中部，没有人们所熟知的袋鼠和考拉，在蓝天白云的衬托下，只有曝晒的阳光、荒芜的沙漠和零星的树丛。从航拍的镜头里，没有看到它的神奇之处，在干旱的沙漠的夹击下，公路上也只有一辆旅游汽车在孤独地行进着。然而这里却是世界6大自然景观之一，土著居民敬畏它已达数千年。

远眺艾尔斯岩

恐龙时代以来，艾尔斯岩就屹立在澳大利亚沙漠中心，它高耸入云，凌空突起，并且与任何山脉都不相连。土著人称之为“吾陆乳”，它是土著人争取土地权力和保存古老文化的重要标志。一些洞里刻有土著人的画。“吾陆乳”有许多秘密，以前从未拍摄成影片，炽热的阳光造就岩石古怪的形状和样子。当太阳在空中照射时，岩石变成金黄色，嵌进岩石底部的动力，能显现出“吾陆乳”的颜色。这些洞可以让专家安斯威特研究吾陆乳的内部。

安斯威特：“这些洞穴是观察吾陆乳内部的窗口。岩石外面是红棕色，当然这不是新鲜的岩石了。新岩石的颜色是灰绿色和灰色，由于岩石裸露在空气中，湿气和氧气慢慢地改变了矿物质，从某种意义上讲，岩石生锈了。”

岩石是由沙石形成的，它那微型的矿物质颗粒会发光，好像是小镜子反射出的太阳光，日落时太阳在低空中把光线散播到红色的顶端，只有此刻光反射才达到最高，使岩石由金黄色变成深红色，最后变成黑色。

该地区甚至6个月也不下一滴雨，温度高达120华氏度，因此每一种生物都必须特别适应这里炽热的高温，包括阿纳恩谷人。艾尔斯岩是如何形成这种奇形怪状的？为什么如此孤立？这要回到5亿年前，地球上的生命还处于婴儿期的时候，最早的线索是在另一块奇怪的岩石形成中找到的。从艾尔斯岩穿过沙漠30多英里，有个叫卡塔尤塔的山，山中有许多深谷，被分割成23个巨大的圆丘，表面全是裸露的岩石。

安斯威特：“如果我们想理解吾陆乳形成的过程，我们要到卡塔尤塔，因为在那里我们可以找到答案。”

事实上它不是由简单的一种石头形成，而是几种被打碎的石头一起合成生长在地上的。

早期探险家描述它是一种绿岩，有点像“白普特干布丁”，人们可以看见各种不同的岩石块、砾石、花岗岩，以及绿的或灰的“玄武岩”，还有其他种类的岩石，它是靠一种绿色的水泥，来粘在一起的。

这种岩石的组合，被地质学家称作砾岩，它的形成要很长时间，并且经历剧烈的地质运动，加上几百万年的风吹和雨淋，山脉最终被洪水冲刷成碎石。

安斯威特：“我想暴洪是用来描述它最好的词了，暴洪从陡峭的山沟中冲刷下来，带走杂乱的砾石堆，即使最小的砾石都很重，很难搬动，所以这些大大小小的砾石与泥浆混在一起，表明它基本上都是在悬浮状态下，被冲下来的。”

宏伟壮观的艾尔斯岩

碎石像雪崩般地被水冲下山坡，堆积成巨大的岩石和泥浆层，形成科学家称作的冲击扇，压缩成厚厚的岩层。吾陆乳和卡塔尤塔的石头就是这样形成的。

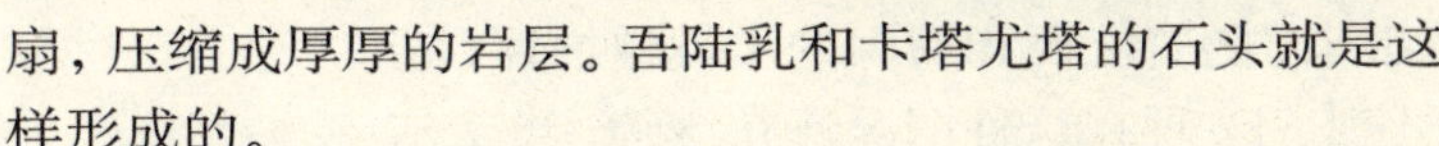

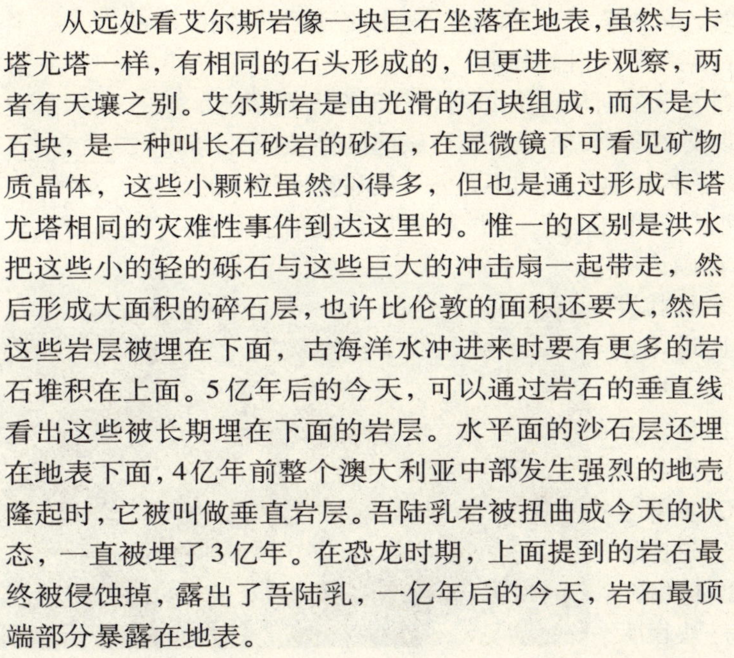

从远处看艾尔斯岩像一块巨石坐落在地表，虽然与卡塔尤塔一样，有相同的石头形成的，但更进一步观察，两者有天壤之别。艾尔斯岩是由光滑的石块组成，而不是大石块，是一种叫长石砂岩的砂石，在显微镜下可看见矿物质晶体，这些小颗粒虽然小得多，但也是通过形成卡塔尤塔相同的灾难性事件到达这里的。惟一的区别是洪水把这些小的轻的砾石与这些巨大的冲击扇一起带走，然后形成大面积的碎石层，也许比伦敦的面积还要大，然后这些岩层被埋在下面，古海洋水冲进来时要有更多的岩石堆积在上面。5亿年后的今天，可以通过岩石的垂直线看出这些被长期埋在下面的岩层。水平面的沙石层还埋在地表下面，4亿年前整个澳大利亚中部发生强烈的地壳隆起时，它被叫做垂直岩层。吾陆乳岩被扭曲成今天的状态，一直被埋了3亿年。在恐龙时期，上面提到的岩石最终被侵蚀掉，露出了吾陆乳，一亿年后的今天，岩石最顶端部分暴露在地表。

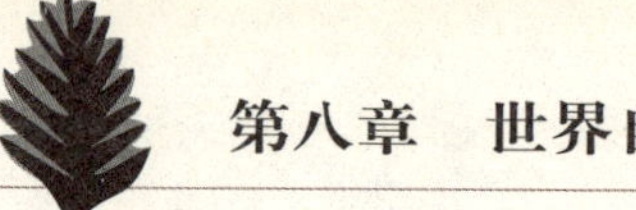

安斯威特：“这块岩石向西南陷入约80度角，厚厚的岩石直接插入地面有几公里，逐渐弯曲回到地面，向西南方伸出，也许有五至六公里。很显然要是岩石伸出几乎垂直的位置，需要很巨大的力量，但我们只看到了岩石的表面部分。”

问题是岩石可见部分是如何变成现在样子的，恩格里什帮助解决了这个难题中的最后部分，答案在于如今的环境与以前相比，有了很大不同。

波兰因·恩格里什：“世界上沙丘表面没有水，没有湖或河流，而是有沙和沉积物堆积古道，是盐湖而不是湿润的水湖。这个地区大部分氧化，都是在潮湿流动的水和湖水中进行的，其实卡塔尤塔和吾陆乳巨大动力来自表面的水。”

在更凉更湿的气候下，岩石受到暴雨的强烈侵蚀，经数百万年雨水侵蚀，影响可以说是刹那间的事，这块巨大的岩石一旦暴露出来，随着上面和周围的土被侵蚀掉，它的顶端从地下迅速上升，现在这种情况还在继续。当艾尔斯岩地区下雨时，就会爆发滚滚急流，雨水流到沙石的底部，切割出几百英尺深的陡峭峡谷。

1872年英国人吉雷斯从离艾尔斯岩仅50公里处经过，但他并没有发现艾尔斯岩，他因饥渴和该地区存在巨大内陆海的传说而来，然而他发现的不是水、鱼和重回海岸的路，而是广袤而又干涸的盐湖，火炉般的热量吸干了所有水分。1873年英国人高斯骑着骆驼，来寻找穿越这块陆地的通道，他登上的一个沙丘，经过两天时间穿越沙丘，到达这座山，他走得越近就越感到惊讶。高斯：“当我跨过沙丘，这座山第一次映入我的眼帘，让我惊讶的是一块巨大

艾尔斯岩下的原住民正在从事农业劳动

的岩石，突兀的在平原上立起，我以南澳大利亚总督亨利艾尔斯的名字，命名它为艾尔斯岩。”

高斯和吉雷斯都谈到点缀地平线上的火，这不是随处可见的丛林大火，而是部落人们发出的信号，他们完全误解了这片土地的本性。阿纳恩谷人认为每一粒种子，每一种动物都为生存，在挑战干燥沙漠的战斗中结为联盟。他们能通过摩擦在几秒钟内生火，他们靠吃一些丛林食物长身体，如“长益安”、沙漠葡萄、丛林西红柿、野无花果、野梨等，因而这个地方对阿纳恩谷人尤为重要，这是他们的家园。土著人最终适应了这块陆地上的干燥中心地。到了20世纪50年代，只有少数科学家和探险家欣赏了艾尔斯岩。为了进行人类学研究，他们对这些神圣地方拍照画地图，爬上去然后离开。农场把这广漠的土地划分为多个养牛场，数万头牛被带到这里，牛把所有的植物都吃光了。下雨时牛踩烂泥土，破坏了道路。甚至更多灾难性的变化正在发生。动物学家在吾陆乳发现了有关证据，在这里班斯发现了突然降临到沙漠动物身上的灾难性事件的证据。

班斯发现了在这儿保存了100年的许多不同于本地物种的骨头。

班斯：“这些东西之所以能在澳大利亚中部干燥洞穴中保存完好，仅仅是因为这儿很干燥，它在洞里也许是被猫头鹰抓到了，猫头鹰吐出消化不了的骨头和毛，可能与猫头鹰的毛一起掉在了上面的岩焦上，在那儿又呆了很长时间，然后终于被水冲下来，或是被风刮下来，甚至被山上的袋鼠弄下来，就这样掉在了这块地面上。”

但班斯在沙漠中找不到这些动物的活版本，而这些动物的消失正好发生在欧洲人发现艾尔斯岩之后。1894年一支探险队收集命名了当时科学还未知的许多动物，这证明100年前它们肯定都在这里栖息。

班斯：“在周围洞穴中发现的大约30种典型物种，一半已在本地灭绝了，从地质意义上讲这是动物的瞬间群体灭绝现象。”

欧洲人不仅把牛带到沙漠中来，用于沙漠探险的马和骆驼，也四处游荡，引进来的肉兔达到了灾难性的数量。更为糟糕的是肉食动物如狐狸，甚至国内的猫都来到了艾尔斯岩，它们的影响是破坏性的，大型和小型啮齿类动物，以及中型有袋目动物，都是在本世纪之交消失的，像本地的常绿桉树和赤褐色毛发的袋鼠也已灭绝了。

袋鼠

阿纳恩谷人照顾土地的方法，现在被科学家采用。焚烧是一种延续几万年的照料土地的方法，它可以使沙漠的生态繁荣，阿纳恩谷人称干枯草地为坏的土地，通过焚烧可以清除掉死树，促使吸引野生动物的嫩芽生长。尽管阿纳恩谷人试图修复自欧洲人到来所造成的破坏，但他们还是看到了更多陌生人的到来。两个对比强烈的世界，在艾尔斯岩的由拉拉旅游胜地发生了碰撞，一边是阿纳恩谷人，另一边是来自世界各地的游客。

对于居住在这个地区的澳大利亚土著人来说，巨石永远是一个神圣的地方，它的每一部分都有特别的意义。1985年开始，艾尔斯巨石作为吾陆乳国家公园的一部分，归还给了澳大利亚土著人来看管。来自世界各地的游客，均云集在此，观赏巨石在日落和日出时，色彩变化多端的自然奇观，而且还可以沿铁索走1.6公里的路，游客可以攀上巨石，在上面行走，观看那里壮观的景象。

攀登艾尔斯岩是游客最热衷的，仅仅攀登就需要几个小时，艾尔斯岩非常陡，如果没有安全索帮助很难能爬上去，每年有25万多游客尝试攀岩，攀登不仅是危险的，也是有争议的。阿纳恩谷人公开批评攀登艾尔斯岩为不受欢迎，但大多数游客还是在攀登。由于大量游客的到来，艾尔斯岩和这里的人们，面临着十分紧迫的问题，能否提供充足的水？阿纳恩谷人的生存一直与找水相连，他们把稀少的水源视为珍宝，一个远离雨水的世界，帮助阿纳恩谷人维持了1000年。由拉拉是人工绿洲，今天这个旅游胜地接待了来欣赏艾尔斯岩特有文化和环境的大量游客。

格兰特·亨特："这里旅游投资业的增长能力，很大程度上取决于公园对游客数量增长的承受力，特别是吾陆乳底部的主要景点和卡塔尤塔，因为受到资源有限的影响，我们从地下开采水，自己发电，自己排污水，自己处理垃圾，我们用的一切都是运进来的。"

攀登艾尔斯岩的游客

所有这些设施都能让游客感到如家的舒适，而这些舒适需要宝贵资源水。

斯蒂夫·巴斯科维勒："旅游胜地每天使用大约150万到200万升水，水的消耗量与季节变化还有同游客的数量都很有关，天越热我们用的水就越多。"

波兰因·恩格里什："我们100%依赖地面水，获得的惟一淡水来自卡塔尤塔的岩洞和其他几个孤立的岩洞，它们也满足不了消费需求，所以我们只能从这儿的海水层抽取水。可你想想这儿有上千人，每天要换干净的床单，有游泳池，又要洗澡，大大超过环境许可范围，是的，这是个问题。"

这个问题不仅与旅游者的需求有关，它也是上万年前在这里发生剧烈变化的结果，吾陆乳以北的阿玛迪乌斯湖，明显地证明了这个地方曾经多么湿润，今天与吉雷斯第一次看到时一样，它是一望无际晒得很干的盐湖。

波兰因·恩格里什："阿玛迪乌斯湖过去是很大的淡水湖，曾有许多鱼、各种水中生物和鸟类。在过去100万年里，它缩小了，迄今为止我们在沙漠中部的高消耗用水已有20年，这不会维持太久。"

艾尔斯岩角下的旅游饭店

阿玛迪乌斯湖曾有河流和雨水的注入，然而没有足够的水流来维持它。人们今天看到的沙漠覆盖了土地，随着气候变干，风把沙吹成了沙丘，在两万多年前，湖开始变干，水最后渗入地下，这意味着由拉拉胜地生存不

可缺少的水，是很古老的。最新研究表明，雨也许是在8万年前下的，甚至是土著人到达澳洲之前。尽管最新科技被用于最大化的有效使用水，而没有人非常肯定地知道，这个古老的地下水库能维持多长时间。人们所知道的是一旦它消失了，就没有其他水源可以替代它。惟一留下的将是那些阿纳恩谷人一直赖以生存的神圣雨水洞，阿纳恩谷人赢得了这场与自然的战争，在这上万年中，作为这片土地的古老看管人，他们清楚这里的生活十分艰难，他们并不按沙漠的意志办事，他们掌握了在这里永远生存的知识。今天对我们来说，具有讽刺意味的是，即使运用已有的现代科技，如果用完所有的水，我们也许是最后一代观赏这令人称奇岩石的人。

艾尔斯岩附近的干涸的湖

艾尔斯岩地区最重要的问题就是水。地表水已经基本用完，地下水是有限的，而人们在旅游开发过程当中，又在与大自然争夺着水资源，现在人们已经越来越意识到这个问题的严重性，它已经不仅仅是自然景观如何保护的问题，而且还涉及人类如何与大自然和平相处，如何维持人类社会的持续发展，可以说保护土地，保护本来就非常有限的水资源，是我们人类共同面临的一个严峻问题。

第九章

非洲丛林的秘密

在地球赤道的南北两边，有几片终年湿润的土地，那里气候炎热潮湿，雨水充沛，为植物的生长提供了非常优越的环境条件。在这些地区，茂密的森林终年常绿，宛如环绕地球的一条翡翠项链，这就是热带雨林。

其实，热带雨林不仅美丽，而且也很神秘。热带雨林作为地球生物圈中的重要角色，它不仅养育着数量庞大的动物种群，而且它本身在生长过程中还向大气中源源不断地供给着生命赖以生存的氧气。这样，热带雨林就有了一个别称——叫“地球之肺”。

热带雨林主要分布在中、南美洲亚马逊河流域、非洲刚果盆地、南亚等地区。中国云南、台湾、海南及澳大利亚局部地区也有分布。

非洲，一个让人着迷和遐想的地方：火热的赤道、巨大的树木、怪异的藤本植物、滂沱的暴雨、动物的世界……不止这些，还有一个更丰富、更神奇却不被人所重视的世界，隐藏在这片天地里。因为它太微小，以致我们的眼睛无法看到。

非洲丛林景观

在加蓬丛林中，三月份是雨季，是雨水最多的月份。从白天到晚上，河流、湖泊、小溪的水爆满。每个坑都成了水洼或水塘。

就是在每年的这个时期，水中的生命最为丰富，最为稠密，也最令人惊叹。在班比迪溪流干涸的支流里，笼罩着机场一般的气氛，不流动且相对清澈的水吸引了数百个小蚊子。

对于雌性蚊子，它们在这里的惟一目的就是繁殖后代。水面上，一切都会发生。在十多分钟里，每个雌性蚊子产下一百多个卵，然后就飞走了。在产卵之前，雌性应进行交配，还要从一只热血的哺乳动物身上吸血。

丛林中的蚊子

卵有两个浮子，它们的长度还不到一毫米。卵很快就变成幼体，经过不断的蜕皮开始长大，直到变成蛹。这是蚊子最后的水栖周期。

几天后，蛹开始蜕壳释放出成型的蚊子。并非任何学习都是必要的：因为蚊子从它诞生的那一刻起就会飞。同时，在悬于干涸支流边的树枝上，青蛙在等待着欢乐的夜晚。在一小时的时间里，雄性、雌性青蛙一边相互奉承，一边在树枝上歌唱。情况几乎令人担忧：三只青蛙被套在一大块微白的地衣上面。四肢开始不断地挣扎，有节奏地搅弄着地衣。雌性在两只雄性陪伴下，产卵，并开始交配！卵产在一个十分接近鸡蛋清的分泌物中，足以搅拌成雪一样白。雄性在苔藓中排出的精子，最多4个——将精子授予卵子。就是在这种具有保护性的苔藓中间，卵子变成蝌蚪，一旦成熟，它们便跳入水中。

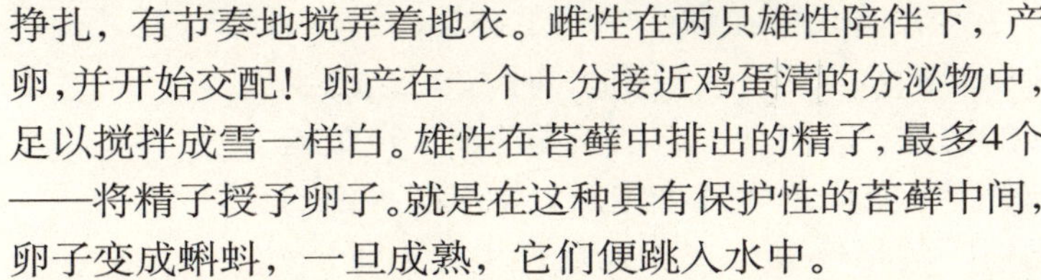
树枝上的青蛙

在奈科尼河中，距河底10米处，鱼儿结束了它们的夜间活动。现在是早上7点。整个夜晚，它们在拱沙子，寻找小动物。像在混水里一样，为了夜里不迷路，它们向周围发出一些微弱的电流，然后分析周围电流的回波。但这些微电流也作为它们之间的交流工具，就好像加密的电报语言，从一个动物流向另一个动物。它们的颅骨，像海豚一样凸起，这并非偶然：这些会说话的鱼是相对聪明的，它们的社会生活相当发达。

突然，感觉到一阵骚乱。这是来自水面。鱼儿们都躲藏了起来。在这几公里的距离里，这一瞬间使数以千计的生命混乱起来。渔民们只是从奈科尼河上经过，前往奥诺加湖。班比迪溪流是通过奥诺加湖的惟一道路。

水中游弋的鱼（左）
溪流中的鱼（右）

奥诺加湖不是很深：在雨季，最深处2米。

大部分动物分散开……但仍有一些聚集在一起，吃它们处在危险中遗忘的食物。

几分钟来，一条鱼一直在窥伺着一只大虾。

这种鱼不仅仅是贪吃：只要有吃的，它们就完全失去了辨别力。

然而，人们一代一代在奥诺加湖上打鱼……

在渔民离开仅10分钟，大象便到了小溪。像每天一样，它们来这里是为了喝水和洗澡。粘在大象皮上的混杂物吸引着许多鱼。但是，在它们与小动物的关系中最令人惊讶的事情发生在大象白天留在黏土中的足迹里。

尽管它们被小溪的水灌满，或被雨水淹没，但这些水洼却变成了生命的海洋。最初利用它们的是青蛙。在繁殖季节，没有一个水洼不充满着十几个蝌蚪。最预料不到的事情发生在填满树叶的足迹中。在那儿发现小鱼不奇怪。鳉鱼长约3厘米，是生活在小块水地里的能手，但愿有足够的树叶让它们隐藏。伪装是最好的保护，雌性的颜色与枯树叶的颜色相同，但完全出乎意料，雄性炫耀一条漂亮的彩色外衣，各种颜色都十分有特点。直径30厘米的水洼为鳉鱼提供了对付大型食肉动物的保护，但是这并不表明危险不存在。

黑猩猩母子

灰蝎蝽是一个水生臭虫。它经常爬上水面呼吸。一只体管将外面的空气吸到腹部储存起来。它的猎物手段很简单：等待。现在，一只蝌蚪在水洼中来回游动。一旦猎物被抓住，捕食的吮吸喙将其刺穿，然后搅动和吸食，几分钟后，蝌蚪比气球还要空。

鳉鱼没有避开狼獾的目光。

不一会儿，奥诺加湖接

待一批黑猩猩的来访。尽管该湖只是供一些小的食鱼鳄鱼戏水，但大的猴子面对大面积的水仍十分谨慎。利用爪子喝水可对周围环境进行监视和观察，其中一些甚至利用果壳作为容器。

在离这里几米远的地方，湖泊受到水生植物的侵犯，形成了一个小小的绿色丛林。死水充满了有机物，是发展各类浮游生物的理想之地。隐藏在高高的草丛中，也是聪明动物的一种本领。

身躯笔直的海马以驱赶小动物来消磨时光。它的嘴一张，吞食的并不都是它选择的食物。它的眼睛十分敏感，这促使它能迅猛地扑向极小的猎物。

5月份雨水最充沛。大家可尽情享用各种美食。

在大象的足迹中，蚊子的幼体和蛹面对鳉鱼不断地捕杀，生存十分困难。鳉鱼非常适应捕食水面昆虫，以至它的眼睛和嘴长在头的上部。

水塘中的鱼

雨季也是食物最丰富的季节。

雌鳉鱼全年产卵。一条雌性鳉鱼可产许多卵。雄性经常靠近它。手段在于如何将该雌性与其伙伴们分开，并在它面前卖弄自己，直到它产卵。雌性总是选择防护较好的地方：雌性产卵的同时，雄性当场授精。卵的直径有1.5毫米，外面有一个壳防止干燥。数周后，胚胎开始在里面蠕动。在旱季，如果水洼底仍湿润，那么这些卵就能生存几周。如果环境良好，鱼苗天天诞生，但它们得不到父亲的任何保护，任凭其他捕食动物的摆布。

如果一只蜻蜓的幼虫在水洼中生活，那么它们生存下来的机遇很渺茫。

许多动物专门食用极小的食物。一些蜗牛整天食用岩石表面的藻类植物。

有一种鱼每天在沙中翻寻数小时，寻找小的猎物作为美餐。大的鱼易被发现。然而最好的办法就是在沙子里呼吸，直接用嘴挑选食物。

这类鱼吞下的大多数猎物是昆虫的幼体。

在小溪的上面一群猴子经常拜访一棵棕榈树。

当树上的果实极少时，它们就翻找树叶下面，在那儿隐藏着许多昆虫。棕榈树的果实由一个十分坚硬的果壳构成。核内有油脂状的脂肪肉。许多动物都很爱吃。

鱼儿在产卵

鱼儿们不捕食的时候便开始产仔。产仔时，它们专心于打扫出一块平坦的石头，作为产卵的理想之处。雌性的生殖口凸起很高：产卵便很快开始。

在丛林中，任何东西都会晕头转向。如狒狒迷了路，那么棕榈树的果核很快为它们指明方向，根本不用担心。

离这里数米远的地方，一对鱼正在产卵。一切都很快。在小岩石上，雌鱼沿直线产下卵。它的生殖器官开始发挥作用：卵不应相互连接，堆积在一起。在第二个时段，雄性介入进来，排出精液。这种鱼类一般不会弃之不要。雌性一个个地将它们吞下，放在嘴里，然后再放入雄性的嘴里，鱼苗就诞生了！为了加强受孕的机遇，雄性同样将精子放在雌性的嘴边。这里，对卵都要加以很好保护。

在干枯的支流上面，青蛙的家每天都在变。产卵几天后，蝌蚪就已经挤在卵的里面，但苔藓保证不了外界的任何攻击，难以对付可怕的蚂蚁。对于它们来说，时间好像十分充裕。一些蚁穴在未形成之前，就完全被吞食掉了。蚁穴需 3 周的时间才能完成。其暗黄色的外表十分有特色。在里面有苔藓，并越来越成了液体：蝌蚪不停地游动。这十分自然地将它们引入穴的下部，然后从那里一个接一个地游下去。

然而，在沿岸海域，仅一条栉水母类鱼就能使跳跃欢喜结束。这种鱼外形一般，但拥有令人吃惊的能力。它突出的眼睛使它对水面有很好的视野。昆虫一旦停落在水面，就会立即被锁定。另一个特点是除有传统的鳃外，这种鱼在头顶上还有一个口袋，可储存一定数量的空气，因为沼泽或干枯支流的死水经常缺氧。另一个新奇的小把戏是齿状的鳃盖骨，这并非用于对付外界，而是在需要时用于在陆地上爬行。因为两个月后雨季就结束了。

临近的一个穴遇到了更为严重的困难。

一个巨大的蝗虫经常前来光顾它，因为这位一贯素食者似乎十分酷爱这里。一大部分穴已在它的大嘴中消失。蝗虫没有吞噬的一部分穴则更为不幸，因为它悬于大猩猩食用的草料之上。蝌蚪成熟了，能够跳跃。但它们还是欠缺一些。数百只蚂蚁组成的迎接委员会不会给它们任何机会。

7月份雨季结束。即使阳光很难照到地面上，一两个星期的时间也足以发生一些变化。

在大象的足迹里，发生了戏剧性的变化：对小动物来说，海洋几乎已空，蝌蚪没有生存的机会。

灰蝎蝽是首批下船的客人。它迁移的能力十分强，很快就到了班比迪小溪的一个干枯的支流。

在水洼里，鳉鱼的近况则令人担忧，但这些鱼诡计多端，一方面它们能离开水生存十多分钟；另一方面它们都是跳高能手。但是朝着数米远的地方行进，使这些杂技演员不大可能到达干枯的支流……很快水洼的四周躺着很多尸体。鳉鱼的不幸使蚂蚁兴高采烈。如果是小蚂蚁，则抢着分割食物。当小的尸体在可怕的蚂蚁出没的途中，搬运的方法则是另一种类型。

丛林小溪中的鱼

竟然有一条鳉鱼到达了邻近的支流中，但在那儿，它得不到任何东西。动物的身体状况取决于离水之后所度过的时间。呼吸是一回事，生存则是另一回事。即使到达了干涸支流，对手比小水洼里的更多。

这条头带白斑的小鱼，外表十分丰满。

这条鳉鱼在水里自由自在地游动，不需要伪装。

幸运的是，在树叶下面隐藏的卵，确保了鳉鱼在下个雨季繁殖子孙后代的需要。损失是惨重的，因为只有受保护、不干化的卵才能生存。

太阳是它们的天敌。

数周过去了，河里的水位不断下降。一些水生动物出现在干燥的土地上。六须鲇能够迁移数十米远。这些鱼具有一个假肺，能够在空气中呼吸。它们定向的本领十分简单：一直沿着陡坡前进。山坡必然会带到有水的地点，以便自己不会干死。

丛林中的蚂蚁（左）
树木上的蚂蚁（右）

食肉的龟非常困难地寻找到虾或小蟹来充饥。等到天好的时候，每天一两次丰盛的美餐足以提供爬行动物所需的蛋白质需要量。

在这个季节，人们经常在班比迪小溪中打鱼，水位低更容易打到鱼。许多当地人就靠打鱼为生。

那天夜里，一列庞大的蚂蚁队伍在离小溪数米远的地方行进，其数量多达3千万只。它们日夜不知疲倦，蚕食所有比它们跑得慢的动物。

幸运的是，这些蚂蚁不喜欢水。干涸的支流几乎没有水，以后会与小溪分离。

这种栉水母类鱼不得不离开这条干涸的支流，去寻找新的水源。它在陆地上的本领也是令人惊叹的……但对付这些蚂蚁，则无计可施。

爬上陆地的栉水母类鱼

庞大的蚂蚁纵队四处派遣侦察兵。只要侦察兵遇到太大的食物，它会立即返回纵队寻求支援。

休息几秒钟，鱼儿又开始上路。但它在陆地上留下的痕迹对于蚂蚁来说，是一条腥味高速路。只要一停下来，鱼就被层层包围住。嘴上的钳子将鱼推出数十厘米远。鱼似乎毫无力气……

但是最坏的敌人却救了鱼的命。背部的巨大疼痛使它又鼓足了勇气。小溪就在旁边：陡坡开始发挥作用。由于树叶湿度的激发，鱼使出了最后的力气。一股水流轻轻地触及它的鳍：小溪到了。

在非洲丛林中，生存是极不容易的。

9月份雨季开始，但今年却姗姗来迟。

小溪中的巨蟹能抗拒旱季。尽管不是最佳时期，但这只雌蟹正在下仔，它的尾部充满了卵……

一些小蟹刚刚诞生。这些蟹自然就是秃鹫的美食，旱季越提前，成为美食的可能性就越大。因为雨季未到，班尼迪小溪变成了一块块水洼，汇集了众多的水生动物，但小溪中的鱼没有同伴们能在死水里呼吸的本领。没有氧气，还有死去动物腐烂后的毒素。

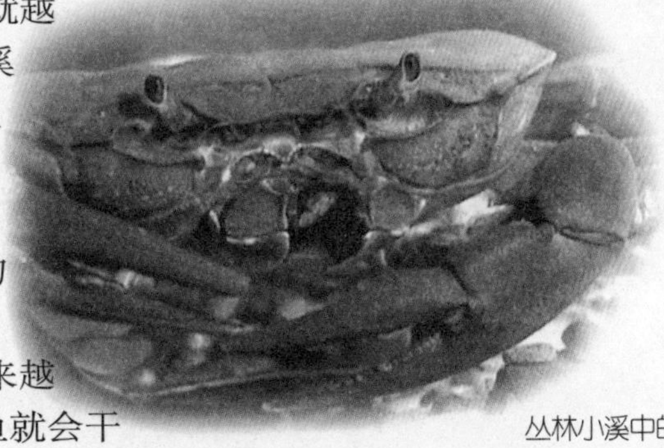

丛林小溪中的螃蟹

几天来，生活环境变得越来越坏。如果雨季还不到来，许多鱼就会干死。到下个雨季，小溪到时就会被奈科尼河水灌满，并再也不会干涸。

10月初，大象的足迹在阳光下，仍有些湿润。树叶下面，情况更危急。但一些鳉鱼的卵仍活了下来。在奥诺加湖，这种鱼能够重新自在地捕食。灌满水的干涸支流始终存在着一个谜。这个谜是关于栉水母类鱼的。鱼的右侧缺一个鳞片。在非洲丛林，人们讲述了7月的一个晚上，这种鱼将自己的一个鳞片给了一条蚕，以换取生命……然而当人们了解了这些蚂蚁的时候，就很难相信它们也能够……

没什么比一片热带雨林更能够使人类放弃傲慢，而代之以敬畏之情。它们是自然最后的阵地，繁衍着外人从未或很少见过的动植物种群，栖息着极少数素来不与外界交往的原始部落。

大自然就是这样随着生命的进化将自身编织成一张错综复杂的网，所有的环节都是直接或间接地相关联。不仅动物与动物之间存在着食物链关系，植物与植物之间有着相生和相克，动物和植物也是相互依赖、协同进化的。

第十章

热带经济作物

炎热、潮湿的气候条件造就了热带地区独特的植物资源，千奇百怪的热带植物不仅形成了当地多姿多彩的自然景观，而且其中的一些经济作物还成为很多国家的经济支柱，为种植者创造了可观的财富。像人们平常喝到的香浓咖啡、吃的

美味巧克力等，它们的原料都来自于这些地方。

香甜可口的香蕉是市场上常见的一种水果。可别小看了它，香蕉是最重要的热带水果，而且也是全世界约5亿人的主要食品。香蕉除了鲜食以外，还可以被人制成香蕉干、香蕉酱、香蕉糖等。在泰国有一种食品叫伏打，它就是以香蕉为原料制作的。如果您去泰国，可别忘了品尝它。目前全世界栽种香蕉的国家和地区已有130个。我国的香蕉种植主要分布在广东、广西、福建和云南等地，而全世界最大的香蕉产地则是在中南美洲，那里的哥斯达黎加、巴拿马、哥伦比亚和厄瓜多尔是全世界最主要的香蕉出口国。位于南美洲西北部的厄瓜多尔高温多湿，赤道就从它的北部横贯而过，这里非常利于香蕉的生长。

香蕉园一景

厄瓜多尔向来有香蕉王国的称号，多年来一直是全世界出口香蕉最多的国家，同时香蕉也是最大的出口商品。以港口为例，2001年出口商品约300万吨，其中超过三分之二均为香蕉。

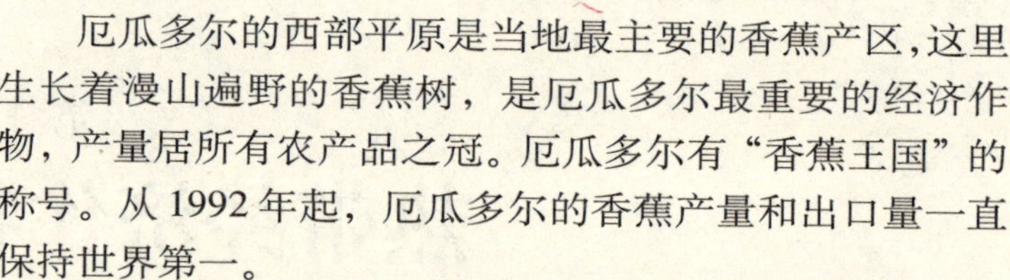

厄瓜多尔的西部平原是当地最主要的香蕉产区，这里生长着漫山遍野的香蕉树，是厄瓜多尔最重要的经济作物，产量居所有农产品之冠。厄瓜多尔有“香蕉王国”的称号。从1992年起，厄瓜多尔的香蕉产量和出口量一直保持世界第一。

为了更多地了解厄瓜多尔的香蕉业，中央电视台《极地跨越》摄制组来到这片香蕉王国中的王国，并访问了香蕉园。香蕉园主人是厄瓜多尔著名华裔实业家王老二，当地人一般都称他“香蕉大王”，因为他生产和出口的香蕉居厄瓜多尔的首位。这是一个大型的香蕉种植园，总面积达6000公顷。沿着种植园内四通八达的车道，工作人员带着摄制组去找正在进行生产的工作区。在路上摄制组看到一列很有趣的香蕉车，当地收割下来的香蕉就是通过这种

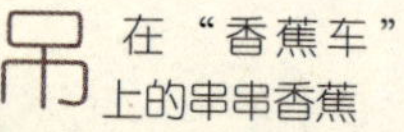

吊在“香蕉车”上的串串香蕉

方式送往加工区进行处理。

20分钟后，摄制组来到一个正在进行生产加工的香蕉区，在种植园里香蕉的生产是分片进行的，每一片的种植和收购时间都不一样，以保证在一年四季里都有香蕉生产。

割下来的香蕉首先要把尾部的根须去掉，再把大串的香蕉进行分割筛选，接着香蕉会被放入水中，使香蕉能够存放更长的时间。最后香蕉按照严格的标准规格装箱投放市场。

作为全厄瓜多尔最大的香蕉生产商，王老二的香蕉被销至世界各地，其中中国更是最大的客户。

热带地区的经济作物品种很丰富。除了香蕉以外，在人们日常生活中扮演重要角色的还有咖啡、可可等。在美梦初醒的清晨，或倦意难挡的下午来上一杯咖啡，不仅能够解乏，而且浓郁的芳香能使你精神为之一振。确实，咖啡已经成为一种越来越受到人们欢迎的饮料。目前全世界的咖啡品种大约有100多种，像巴西、哥伦比亚、墨西哥、牙买加等地，都属于世界上颇富盛名的咖啡原料生产地。其中墨西哥是中美洲主要的咖啡生产国，那儿的咖啡口感舒适细腻，有一种迷人的芳香。下面由杰米博士、弗雷德和萨比娜助教带我们到墨西哥的咖啡种植园里品尝一下美味的咖啡。

结满豆的咖啡树枝

萨比娜：嗨，我现在是在墨西哥，这是热带雨林地区。咖啡树的生长需要较高的温度和湿度。这里万事俱备！不过，在这一纬度，阳光非常强烈，能把树叶烤焦，使土地干涸。因此，在种植园里，人们会种下一些参天大树为低矮的小树遮荫。你们想看看咖啡树是什么样子吗？非

常漂亮!

弗雷德：这是什么？我们可不要樱桃，我们要的是咖啡！

萨比娜：现在我告诉你，咖啡豆就藏在里面。现在的咖啡豆既没有我们平时见到的颜色，也没有那种香味，要想得到那种颜色和香味，必须经过处理。杰米，是谁想到把咖啡豆做成饮料的？

杰米：咖啡第一次作为饮料是在非洲大陆，在埃塞俄比亚，时间大约是12世纪。然后，阿拉伯人在阿拉伯半岛掀起了喝咖啡的潮流。到了17世纪，咖啡又流传到了欧洲。阿拉伯君主为了保护神赐给他们的食物，只出售烤熟的咖啡豆，这样的话，咖啡豆不能再生长发芽。

弗雷德：然而，墨西哥与埃塞俄比亚，中间隔着茫茫大海，咖啡是怎样传过去的呢？

杰米：1658年，荷兰商人把咖啡树种植到了印度尼西亚，那里是他们的殖民地。英国人也在印度种植咖啡，咖啡于是在整个亚洲大地生根发芽。后来，荷兰人又卖了两株咖啡树给法国，咖啡树横渡大西洋，来到了安第列斯群岛，有了马迪尼克岛和圭亚那的咖啡种植园，法国成为世界第一大咖啡生产国。西班牙人和葡萄牙人也拿了一些咖啡豆，把它们种植在中美洲和南美洲。因此，我们在墨西哥能找到咖啡。到了19世纪，咖啡的生产蔓延到非洲。今天，咖啡种植区北至北回归线，南至南回归线。所以说现在在世界范围的很多地区都种植着咖啡树。

弗雷德：咖啡豆生产国并不是咖啡消费量最大的国家，这些国家的人不需要喝咖啡取暖。

杰米：不错。最主要的进口国，购买量最大的国家是美国、法国和德国，还有日本。喝咖啡最多的人，要数瑞典人和芬兰人。

喝咖啡的国家主要集中在北方，虽然如此，咖啡却仍然是仅次于水的第二大饮品。咖啡树能在热带地区的大约70个国家生长。对有的国家来说，咖啡是主要的财富。在危地马拉和哥斯达黎加，咖啡占了出口总额的四分之一。

咖啡是当地经济的主要来源

咖啡种植业在全世界雇用了2500万人。如果收成不好，整个国家的经济都会受到威胁。

萨比娜：不同品种的葡萄酿出不同的葡萄酒，同样的道理，也存在着不同品种的咖啡树。在墨西哥，主要种植阿拉碧佳这个品种，还有少数的罗碧斯塔。弗雷德，你喜欢哪一种？阿拉碧佳还是罗碧斯塔？

弗雷德：我不知道，两个品种有什么区别？

杰米：它们的口味不同。阿拉碧佳产自一种非常娇嫩的咖啡树，它既怕热又怕冷，这种咖啡树生长在海拔600米以上的高度，但是不能超过2000米，咖啡豆就在摄氏20度到25度之间的温度中逐渐成熟。这种咖啡香味醇厚，口感细腻。至于罗碧斯塔，就像它的名字一样，产自一种非常健壮的咖啡树，它不怕高温，生长于海拔高度600米以下的地区，能够抵御生长于高温潮湿地区的寄生虫，咖啡豆在高温的环境下生长，因此成熟速度比较快。当然，这种咖啡的香味没有那么浓，口味也没有那么醇厚。

阿拉碧佳咖啡最大的产地在拉丁美洲和东非，这两个地区的产量占世界总产量的75%。

萨比娜：种植园里最繁琐的活儿之一就是收获。在墨

西哥，收获季节从11月一直持续到3月。但是，果实并不是同时成熟。一串果子上，有绿果，有黄果，也有红果。必须非常小心地只摘下熟透的果子，而不伤到同一串上的其他果子。这样，采摘工人就要对每棵咖啡树收获6到8次。

萨比娜：小伙子们，我想，应该有的我都有了！每天收获完以后，摘下的果实都被送到贝纳斐希约，咖啡豆就是在这里加工。我受不了啦！

弗雷德：我也受不了啦！这儿一点都不暖和！杰米，他的咖啡到了吗？

杰米：现在，我们把红果里的果实取出来。要把果实取出来，先要把皮去掉。红色的薄膜叫做果壳，然后把果肉取出来。现在，可以看到两个果仁，果仁外面包裹着两层保护膜，必须把它们也去掉，否则，咖啡的苦味就太重了。首先是一层叫做“帕尔什”的膜，然后是一层银色的膜。

萨比娜：好了，100公斤美味的咖啡。即使到了现在，还是闻不出什么香味。咖啡豆要过水洗，才能除去沾在上面的泥土和灰尘。然后，咖啡豆从水槽底部掉进压磨机内，压磨机会把果肉从果实里分离出来。

水洗的过程中，坏果子和尚未成熟的果子都浮在水面，只有最紧实的咖啡豆，才会沉到水槽底部继续它们的旅程。

萨比娜：压磨机力量必须足够大，才能压破果壳，但又不能太大，否则会压坏咖啡豆。经过压磨机之后，还剩下一点点果肉沾在咖啡豆上。我们把它放进大水槽里静置24到36个小时，这是使果肉分解所必需的时间。要当心，水不能溢出来。

这个时候，如果不当心的话，咖啡的味道就会毁在我们手上。果肉分离以后，就用大水冲洗。这种处理方法是高品质的咖啡豆比如阿拉碧佳采用的。这样的方法能生产出淡味咖啡。品质稍微次一点的咖啡豆采用另外一种处理方法，也就是干燥法。干燥法能生产出天然风味的咖啡。

咖啡豆

压磨设备

干燥装置

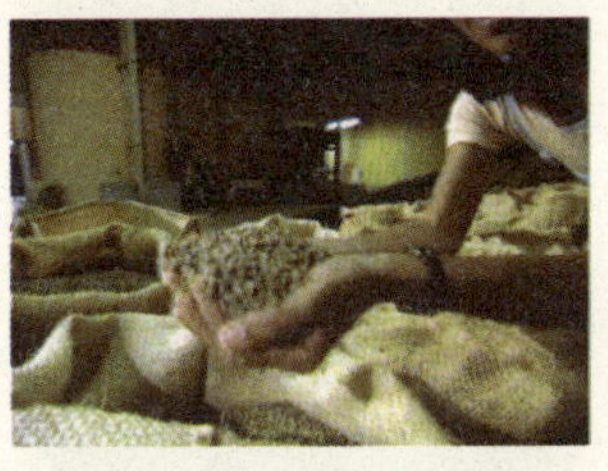
加工后的“绿咖啡”

烘焙后的咖啡豆

我们把咖啡豆放在太阳底下暴晒2到3个星期，直到果肉干燥脱落。

萨比娜：来看看我的咖啡，非常干净！咖啡豆用水洗过以后，我们称为“帕尔什咖啡”，名字来自存留的那层外衣，不过，现在已经没有果肉了，必须把它烘干。

在这个干燥装置里，咖啡豆与热空气混合36个小时。不能急，如果干燥过程过于猛烈，会失去天然的香味。

萨比娜：现在，我们按照颜色，称它为绿咖啡。咖啡从加工厂里出来的时候就是这种样子。到现在，活儿算是干完了。可是，还是没有咖啡味。

弗雷德：绿咖啡没有任何香味，只有通过烘焙，才能使它产生香味。为了保证咖啡不至于烧焦，需要不停搅拌。

操作过程大约在200度的高温下持续半个小时。烘焙期间，咖啡的重量大约减轻20%，它失掉的是水分。不过，它会膨胀，体积会增加一倍。烤到咖啡豆爆裂是最好的！烘烤完成后还需要冷却。现在只需要把它研磨成粉末就可以了。

萨比娜：这里的传统是喝不加糖的咖啡。杰米，你知道吗，咖啡对身体没有坏处，恰恰相反，咖啡是一种很好的刺激物。我受了很大的刺激！

杰米：镇静！咖啡能够刺激神经系统，喝过咖啡之后，大家都会有这种感觉，大脑和肌肉轮流兴奋。这种反应并不是立竿见影的，在咖啡吸收30分钟后会发生这种现象，持续时间大约为两小时。具体情况取决于咖啡的质量和个人身体状况。

咖啡还有扩张血管的作用。血管扩张，血流更加通畅，这就是为什么咖啡在相当长的时间里被指定为治疗偏头痛的药物原因。咖啡有利于胃肠蠕动，而且，它还有利尿的作用，上厕所的频率就会大大增加。

我们能找到去除了咖啡因的咖啡。咖啡豆用一种溶剂洗过之后，咖啡因的含量不超过0.1%。但是，对于失眠症患者，我们推荐饮用阿拉碧加咖啡，它的咖啡因含量比罗碧斯塔咖啡小两倍。而且最好食用速溶咖啡，水冲得越快，溶解咖啡的时间就越短，如果味道太重了的话，只要多加点热水就行了！

墨西哥是一个高原和山地国家，独特的气候条件培养了那里丰富的经济作物。

除了盛产咖啡以外，它还是另外一种非常可口的饮料的发源地，这就是可可。古时候墨西哥的玛雅人把可可树称为生命之树。那时候每出生一个婴儿，他们就要种上一棵可可树，以此来祝福新生儿能够健康成长。他们还认为可可树的果实象征着人心，用它制成的饮料和食品是血液，吃了以后能够精力旺盛。人们平时非常爱吃的巧克力就是用可可树的种子做成的。据说西班牙人刚到墨西哥的时候，发现当地的印第安人非常爱吃一种饼，而且吃了以后精神焕发，不知疲劳，后来才知道这种饼是将可可的种子磨成粉以后掺在玉米粉里做成的。西班牙人采集了大量的可可树种子并且建起了第一座巧克力加工制造厂。

下面让我们继续跟随杰米博士等人一起去看看这种神奇的热带作物。

弗雷德：嗨，杰米，巧克力是用长在树上的可可做成

可可种植园一景

的。在马达加斯加、委内瑞拉还有厄瓜多尔都有可可树！萨比娜，墨西哥也有可可树吧？

萨比娜：当然了，弗雷德！墨西哥是可可的摇篮！就是在这儿人们最早种植了可可树。可可树的果实有橄榄球那么大，它既能长在树枝上，也可以长在树干上。这个果实有二十多个种子，它们被白色的果肉包裹着，种子的里面是什么呢？那正是我们要找的。现在，棕色的东西还闻不出巧克力的味道，尝一尝，是苦的！

阿兹特克人最先用可可的种子来配制富有营养的巧克力饮料。

对于印第安人来说，这是一种神圣的饮料，是上帝的礼物。

16 世纪初，西班牙人发现了美洲和可可！欧洲人加糖后才开始欣赏这种墨西哥人的饮料。巧克力就是这样诞生的。今天，每年全世界要消费 260 万吨的巧克力。

杰米：萨比娜现在在墨西哥，确切地说是在塔巴斯科州。就是在这个地方印第安人第一次种植了可可树。

萨比娜：杰米，不只是墨西哥一个国家为全世界提供可可，对吧？

杰米：当然不是，今天，全世界有 45 个国家生产可可。那么可可是如何到达那些地方的呢？在 16 世纪，欧洲人到达美洲后发现了这种植物。当时由于天花和瘟疫的流行，人们大量的死亡，导致了种植园劳动力缺乏。这时候，欧洲人把可可树向南移植到委内瑞拉，还有厄瓜多尔和巴西。同时，欧洲的可可消费量越来越大，为了生产更多的可可，可可树被装船运往亚洲——印度、菲律宾等国家。在 19 世纪，可可树还被移植到了非洲。今天，科特迪瓦已经成为世界第一大可可生产国，生产可可的国家全都位于南回归线和北回归线之间。

弗雷德：杰米，你在哪儿？

杰米：我在卡车上。

弗雷德：你在哪儿？我看不到你啊，你能告诉我哪个国家是全世界巧克力消费最多的国家吗？

树上成熟的可可

法拉斯特罗可可

加工制作巧克力

杰米：我当然知道！是那些北方的国家，百分之八十的巧克力都是北美和欧洲国家消费的。比如法国。

萨比娜：可可树需要湿热的环境才能生长，所以我们只能在南北回归线以内、海拔八百米以下的地区找到可可。可可树不能受到阳光的直射，因为阳光会烧坏它的叶子，还会使土地干涸，因此种植工人就种植一些大树来为可可树创造一些阴影。

弗雷德：我发现巧克力并不都是一个味道。这个有点苦，味道还不错！杰米，你的呢？怎么样？

杰米：一点也不苦。

萨比娜：巧克力具有不同的味道，是因为它们是由不同品种的可可做成的。最著名的可可品种是"可力优"，我们可以从它红色的果肉来认出它来。最常见的则是"法拉斯特罗"，它的果肉是黄色的。

"法拉斯特罗"占全世界可可产量的百分之七十，几乎所有的可可产地都种植这种可可树，尤其是西非。而"可力优"则有一种特别的香味，这是巧克力商非常偏爱的一个品种。

不幸的是，这种树很容易得病，它主要种植在拉丁美洲，只占全世界产量的百分之十。还有"特力尼塔罗"，是以上两种杂交的品种。你看到它的颜色了吗？

萨比娜：弗雷德，你收到我的可可了吗？

弗雷德：太棒了，我刚刚收到可可！看上去质量还不错。可可中的大部分是被规模庞大的农业食品公司买走的，一公斤卖六七法郎。

现在，我们来到了世界上最大的可可生产厂家。这是一块巧克力，不过，它不是直接供应给消费者的，是为买巧克力的商人而做的。在这里，马上就可以把可可豆制成巧克力了。流水作业的第一步是：我们首先把来自不同国家的不同的可可混在一起，比如把来自非洲的可可和来自南美的可可混在一起，这是为了保证巧克力的质量。

看，流水线最后一步快结束了，马上就要成为一块巧克力了。在这些操作过程之前，人们要精心地把可可豆清洗干净；接着要捣碎，把它从保护它的果壳中剥出来；最后，是焙烤，也就是在摄氏100度到140度的温度下烤制20到30分钟。注意，焙制可是一道关键的工序。

弗雷德：这是经过捣碎、焙制后的可可豆，人们把它称作可可块。现在闻着有点像巧克力了。它已经是巧克力的颜色了。但需要注意的是，这还不是真正的巧克力。尝一尝，还有点苦味。

杰米：我们得用锅煮才能去掉苦味，煮的时候能闻到可可的味道。马塞尔，去加热一下。在热的作用下，原料才会被液化，与此同时，糖和蛋白质才能最后结合到一起。现在，它们才形成了有香气的分子！真够香的啊！快吃吧！

弗雷德：焙烤之后，我们取可可块中的一部分，仅仅是一部分，把它放到压力机里。经过快速的压制，我们可以得到可可油，就是这种淡黄色的液体在制作巧克力时最有用。我们还可以得到一种可可粉，通过紧密的压制使之形成一块饼状。我们最感兴趣的还是如何做成真正的巧克力。制作巧克力的基本方法极其简单。只要拿来可可块，再加一些糖，把它们混在一起搅匀半小时就行了。给你，杰米，黑巧克力！

杰米：不过，我更喜欢加奶的巧克力。

弗雷德：没问题！再加一些奶粉进去，我们就可以得到加奶的巧克力了。

萨比娜：弗雷德，你把我忘了，我喜欢白巧克力！

弗雷德：别担心，萨比娜！我有白巧克力给你。它没有其他巧克力的味道和颜色，里面没有一点可可，有的只是奶，糖和一点可可油。好了，我给你多少块呢？

轻点！这还不是巧克力呢！搅拌之后，巧克力被放到磨碎机中，在那儿，巧克力团被压碎成粉末状，我们称之为提炼。因为有这道工序，当我们吃巧克力时才不会感到有块状的东西在嘴里。接着，粉末状的巧克力被送到添加可可油的地方。这是制作巧克力的最后一道工序。在这时人们将可可油加进去，这种黄色的油使巧克力有一种滑腻的感觉，可可油越多，巧克力越容易融化在口中。

弗雷德：杰米，我换了家乳品店！并不是随便哪种巧克力都可以成为世界冠军的。成为真正的巧克力之前，它是什么样的呢？是些五公斤重的大大的厚厚的饼状，或是一些滴状物。巧克力有不同的产区，这有点像葡萄酒。例如，这个来自马达加斯加，这个是来自南美各国的不同巧克力的混合物，有点酸！这个是地道的厄瓜多尔巧克力，用所有的这些我们可以做巧克力的混合物。第一步，一个融化油脂的容具，我们先让巧克力在45摄氏度的情况下静静地溶化。

不能用太高的温度，这样有可能烧焦的。看，有巧克力大量地流出来。看！

弗雷德：老板，这有一桶巧克力。

巧克力商：谢谢，弗雷德。

弗雷德：现在我们将巧克力溶液放到大理石上凝固，我们把它称为降温。还是让专业人士来干吧。

是的，让专业人员来干吧！因为这需要一定的技巧。随着温度的降低，巧克力开始凝固起来，人们叫它为结晶。巧克力商的艺术，就在于控制结晶的程度。

可可块

弗雷德：杰米！你能给我解释一下那里到底发生了什么事？来！不要把手指放进去！

杰米：不，不要夸张。凝固后的巧克力要变得光滑、有光泽，这个操作过程是很重要的。看看当巧克力冷却时会发生什么？在35摄氏度时，巧克力块的一部分开始以某种形式结晶。温度继续下降，显然，巧克力块没有时间凝固。在27摄氏度时巧克力的另一部分以另一种形式凝固。温度继续下降，23摄氏度时，巧克力以一种全新的方式结晶。我们总结一下：如果温度下降得太快，我们得到的巧克力是在不同形式下的结晶状，巧克力表面不光滑，巧克力就没有光泽。所以应该保持巧克力的温度在34摄氏度，这样巧克力就会以一种方式结晶。如果结晶的形状相同，那么巧克力的表面就是光滑的。不仅仅是为了好看，此外还非常好吃呢！

据说西班牙人最早到达墨西哥的时候，看见当地人津津有味地喝着用可可粉调制成的巧克力饮品，有人便尝了一口，结果刚喝进嘴就马上吐了出来，并大声喊叫："这么苦怎么喝呀"。

制作完成的巧克力块

原来当时的巧克力还没有加入糖和香草。而现在巧克力的口味越来越多，口感也越来越好了。其实现在无论是哪种巧克力，它的里面都加入了一种非常重要的调味料，这就是香草。

香草原来产于地中海沿岸。它不仅是巧克力的调味料，而且是制造朗姆酒的重要成分，它还是加工香精和香料的天然工业原料。让我们跟随杰米博士和弗雷德助教一起到非洲东南部的留尼旺岛，去看看岛上这种美丽而又实用的植物。

杰米：弗雷德，你找到了吗?

弗雷德：看，这就是香草。他们看上去像是豆荚。留尼旺群岛每年能生产6吨香草。

杰米：我要拿一些给马塞尔看看。

弗雷德：别那么着急。香草在留尼旺是很有历史的，就是在这里最早开始人工种植香草的。

杰米：马塞尔，看我给你带什么来了。在了解香草之前，我们先来讲点地理知识。留尼旺群岛在这里，是在茫茫印度洋上一个不起眼的小岛，但是我们可不能错过它，它是一个距离马达加斯加大约800公里的巨大火山，在莫里斯岛北边。真香。

加工巧克力的机械设备

弗雷德：我们是要去前面吗?

弗朗索瓦：是的，在前面50米的地方。

热带兰花

弗雷德：在留尼旺群岛，我们可以在树的下面找到香草，因为这种植物喜欢阴凉。看，很长。它们是藤本植物，长度可以达到15米，要用很长的竹竿才能把他们取下来。香草的根部很小，可以牢固地抓住土地。

杰米：快来，我找到一朵香草花，就是它结出了豆荚。香草属于兰科植物。

植物界中最漂亮的花都是属于这个家族的。这些各种各样的花朵，有的甚至长得很奇特。但是它们的组成方式是一样的，都是有三片萼片，两个花瓣和一个停机坪一样的舌，好让昆虫来传粉。法国有一种花叫“维纳斯的木屐”，它们的舌是一个洞。昆虫掉在里面，想出来必须从花粉上经过，这样就帮助兰花传了粉。它们很聪明，是吧？兰科植物是一个大家族，大约有两万种，其中大部分生长在热带，但只有香草被人们应用在农业和工业生产上。在留尼旺群岛，人们在灌木丛里种植香草，在

人工栽培的香草

甘蔗地里也能找到香草，他们被高高的甘蔗包围着。为了得到更好的收成，我们人工给它们制造阴凉。香草的根在人工支柱上生长，在一个可以透雨但是不透阳光的顶棚下面生长。

弗雷德：杰米，我们现在在留尼旺群岛种植香草，要知道，这里并不是香草的故乡。

杰米：是啊，它们来自墨西哥。16世纪初，是阿兹特克人帮助西班牙人发现了这种植物。在很长的一段时间里，地球上大部分的地区都不了解香草的味道和气味。西班牙人被这种味道深深吸引，把这种植物带回了西班牙。他们用香草做卷烟！

杰米：欧洲所有的皇室都开始使用这种香料，那个时代所有的植物学家都想种植这种植物。但是香草这种产生了这么美丽的豆荚的植物，在欧洲却是只开花不结果。然后，多少年，多少个世纪都过去了……大约在1820年的时候，香草又被移植到了留尼旺群岛。人们当初移植它只是因为它们很漂亮。直到1841年，一只香草藤结出了豆荚，于是这种兰科植物神秘的光环被打破了。从此，香草种植就遍布了整个印度洋。世界第一大香草生产国是科摩罗，还有马达加斯加、印度尼西亚也有香草种植业，在塔西提岛，在安第列斯群岛，马提尼克岛和瓜德卢普岛都有，墨西哥也有一些！

阿兹特克人很早大量使用香草，他们把香草叫做“黑豆荚”。他们把香草、可可、胡椒和辣椒混合在一起，用这种方式制造一种独特的饮料，稍微有一些苦涩。传说中讲到，墨西哥的征服者科特，跟他的对手莫特苏马皇帝一起饮用这种装在金杯子里的饮料。于是西班牙人就把这种墨西哥黑豆荚叫做“vanilla”，意思是“小袋子”。来到欧洲以后，香草迷倒了所有的皇室，他们把这种香

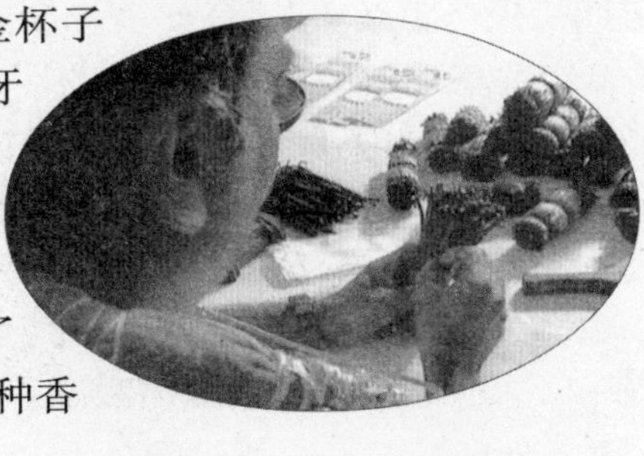

加工香草图

料放在咖啡中，放在巧克力里，人们甚至认为香草可以刺激性欲。

弗雷德：在来到留尼旺群岛之前，香草只是开花，但是从来不结果，没有一个豆荚！然而，在留尼旺群岛，气候条件又跟原来一样了，这里跟墨西哥一样热，而且非常湿润。

19 世纪的时候，大约 50 年间，留尼旺群岛是香草的主要生产地，因为有了那个年轻人的办法，留尼旺群岛是惟一会人工种植香草的地方。但是马达加斯加和科摩罗丰富又便宜的人工，使这两个地方成了留尼旺群岛强有力的竞争对手。现在留尼旺群岛的香草产量还不到全世界的 1%。

加工后的香草

弗雷德：杰米，我把这箱香草谈成了一个好价钱—— 230 欧元一公斤。这里有 150 公斤，就是 34500 欧元了,不错的买卖，是吧？

杰米：这可不是小数目啊。

弗雷德：也对，那我们可以买化合香草。化合香草便宜很多，但是质量可不一样啊。

杰米：有道理。有三种办法可以制造香草香料。可以用香草豆荚或者是天然豆荚的提取物，比如厨房的调料或香水都是一些香料的混合物，他们有“天然香草”的标注。我们还可以使用完全人工的香草，人们在化学实验室中生产这种产品，我们可以得到跟香草豆荚中一样的香兰素分子，这种香料可以做甜食用，这些产品叫“化合香兰素”，这些产品的香料中只含有香兰素，跟天然香草香料的混合香味是不一样的。还有些产品带有这种标注，叫天然香兰素，就是说没有任何化学成分。这种物质是来自豆荚的外皮，虽然它也是天然的，但是这种香料也只含有香兰素，还是跟香草豆荚不一样。

香草是世界第一大香料。可以用在冰激凌、酸奶、蛋糕和香皂中。它的需求量很大，如果没有人工香兰素的话，根本没有办法满足需求。由于价格的原因，天然香草始终是属于提纯的高级香料。把豆荚捣碎，浸泡在酒精中。然后再把汁水精炼，这种提纯品可以用在高级香水中，或者是高级厨师的大餐中。我们还可以用豆荚来烹饪，最好的豆荚看上去油光可鉴，我们可以把它们保存到我们想保存的时间。

甘蔗园

留尼旺岛属于热带气候。岛上一年365天当中只有冬夏两个季节。每年的五月到十一月为冬季，凉爽有雨；而十二月到次年四月是夏季，热而潮湿。正是这种气候造就了岛上丰富的植物资源。其实这里的人们栽种的主要经济作物并不是香草，而是甘蔗。岛上有将近百分之七十的居民都在从事甘蔗种植，而且甘蔗种植的面积占全岛可耕种面积的二分之一。他们用甘蔗来榨糖，因此在这个岛上蔗糖业是主要的工业。甘蔗浑身都是宝，它的用剩的蔗叶和蔗梢可以用作饲料，而蔗渣则可以用来造纸。

弗雷德：杰米……啊！看，杰米，这是甘蔗！留尼旺岛有很长的种植甘蔗的历史。从17世纪开始引进甘蔗，最开始的时候用来酿酒或是作为牲畜的饲料，但是从1815年开始，人们种植甘蔗为了提取糖分。它的地位和其他地方的粮食作物一样：比如稻子、咖啡、棉花……目前，甘蔗占据60%的可耕种土地。这是留尼旺群岛主要的农业作物。

甘蔗属于禾本科植物

杰米：如果你找到糖，别忘了告诉我！整个小岛都是糖，你想想吧。这个大糖块在这里，在印度洋里面，马达

加斯加的旁边。这是个火山，很大的火山，海拔高度大约有3000米。甘蔗是一种畏寒的植物，因此它生长在小岛的四周，在留尼旺群岛的南部，尤其是东部海岸。弗雷德现在就在那里。

弗雷德：甘蔗不仅在留尼旺群岛，生长在安第列斯群岛也有！

杰米：当然！在瓜德卢普和马提尼克岛也有甘蔗种植业。在地球上总共有80个国家出产甘蔗。巴西和印度是甘蔗的最大的生产国。这些国家都有个共同点：这些国家都位于北纬30度和南纬30度之间，这些地区常年气温都比较高。

因为甘蔗是非常怕寒冷的。甘蔗来自新几内亚，那里的人们从公元前6000年就开始种植甘蔗榨糖了。甘蔗的果汁让人垂涎，因此很快就传遍全球，到19世纪的时候，所有的大陆上都有甘蔗生长了。

弗雷德：杰米，你知道吗？甘蔗跟稻子、大麦和玉米一样属于禾本科，但是它们能长到4米高。当花朵出现的时候，甘蔗就不再长高了。甘蔗的花朵就是这些白色的羽毛。从现在开始，糖分就在甘蔗内部积聚。这里有糖吗？我们给他看看。只要脱水就行了。你看见这个了吗？

为了生产糖分，甘蔗需要阳光，但是也需要大量的水。而如果留尼旺群岛东部海岸雨水充足，西部海岸就可能干燥。所以想大面积种植甘蔗，种植者就要给他们灌溉。人们建造了一个30公里长的管道，为了到岛的另一端取水。这个大型工程可以把留尼旺群岛东岸的河水引过来。

收割甘蔗

弗雷德 ：杰米！我有个好消息告诉你！我找到一个机械切割机，这样就快多了。用机械切割机，每天可以收割300吨甘蔗，用手工只能收割5吨。问题就是田地要非常平坦。我最好走开些，太危

加工甘蔗设备

险了。

是啊，这样谨慎些！哦，我们把甘蔗割下来了！我们从根部切割甘蔗，甘蔗就直接掉到我们的拖拉机上了。但是在留尼旺群岛，收成的70%都是手工完成的，因为地面太倾斜或者土地面积太小。看啊，这里有很多烟啊！

杰米：哦啦啦！到处都是烟！

弗雷德：很正常，杰米，因为这里很热。当甘蔗被折断，我们马上就要用热水浇注。因此就产生了第一道汁，其中有88%都是水，10%的蔗糖和一些需要去除的杂质。看，我给你拿了一些！

等一下，你的果汁还没好呢！里面还有杂质！然后我们要加入石灰。在热量的作用下，石灰会把杂质收集在一起，沉积在底部。不是所有的沉淀物都要扔掉的。我们把这些沉淀物过滤，风干，然后会有农民来把这些沉淀物收走，作为田地的肥料。在这个操作过程结束之后，在滗析器中，就只剩下干净的汁液，就是我们说的清液，然后给它加热蒸发水分。

弗雷德：味道真不错。杰米，这就是水分蒸发以后我们得到的东西：非常黏稠香甜的糖浆。现在，我们要把糖浆加工5个小时，然后我们就把它们和这些搅碎在酒精中

的白糖混合起来。这样就可以结晶了。

200毫升的混合物能得到120克的糖!

弗雷德：杰米，你会看到结果的。在加工之后，这些糖浆已经开始部分硬化，看，我们就得到了最初的糖结晶，晶粒大小约有0.5毫米。

我们把这些糖浆倒在离心机里面,糖浆就会把糖块释放出来。因为里面仍然含有蔗糖，我们要把它重新混合然后重新经过离心机。我们要把同样的操作进行三次来最大限度地得到糖分。然后我们就得到非常不错的红糖。甜菜的糖是白糖。糖经过风干、冷却、包装。每年，留尼旺群岛都能生产20万吨。有一部分再经过精炼得到白糖。要想得到糖块，我们得把砂糖湿润，倒在模具中，然后再风干，最后装箱。这样就是糖了。

正如我们常说的，一方水土养一方人，不同的地理位置和气候条件也造就了不同的经济作物，像花生、茶叶、大豆，就是面积广大的温带地区所产的经济作物，它们也为当地创造了巨大的经济价值。真的要感谢地球为我们提供了如此丰富的自然资源。

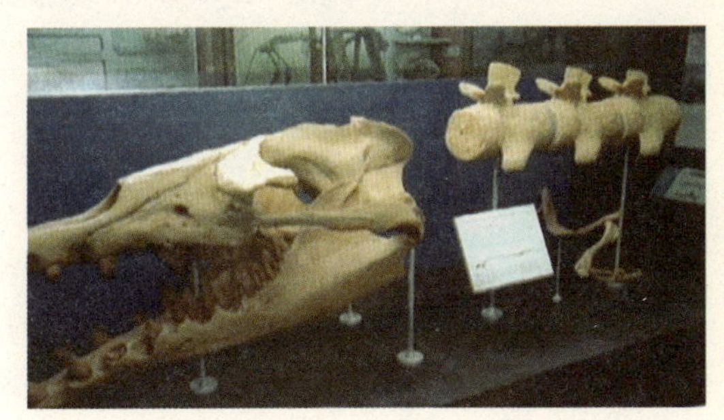

第十一章

化石——地球演化的证据

从最古老的单细胞生物到有着复杂生命系统与思维的人类，在漫长的生命进程中，形形色色的生物从出生到灭亡，从低等到高等，在这个复杂的环境变迁和生物演化的过程中有许多未解之谜需要探索和研究。究竟是什么力量推动着生物的进化发展呢？多少个世

纪以来，古生物学家一直在寻找着见证生物进化的证据。

我们生活的地球大约是在46亿年前诞生的。科学家发现在地球诞生之后的40亿年时间里，几乎找不到植物和动物留下的丝毫痕迹。然而，在此后的500万至1000万年的这段短短的时间里，却产生了巨大的变化，生命在这一时期像大爆炸一样迅速地出现。这就是著名的寒武纪大爆发，从挖掘出来的化石研究发现，现今世界上所有的动物几乎都在这一时期同时出现的。那么沉寂了40亿年的地球为何突然间出现了五花八门的生命呢？达尔文的进化论能解释这一现象吗？

有这样一种说法，说我们人类最早是由生活在海里的鱼进化而来的，那和我们共同生活在一起的各种各样的动物，像高高的长颈鹿、凶猛的老虎、还有生活在海洋里的鲸鱼，它们又是由什么动物进化来的呢？近来科学家研究发现生活在海里的鲸鱼的头骨和狼的头骨有相同之处，那么鲸鱼和狼之间有着什么样的联系呢？

鲸鱼是现存最大的动物。和我们一样，鲸鱼和海豚只是在相当近的一段时间里，才成为它们现在这个样子的。长期以来，这些海洋哺乳动物的起源一直是一个科学之谜。

鲸鱼和其他哺乳动物有很大不同，我们很难将它们和其他动物建立关联。因此它们独自形成哺乳动物进化的一个分支。

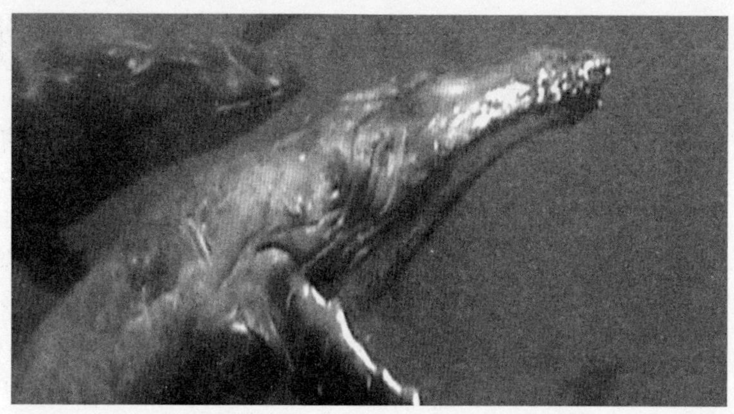

抹香鲸图

约两亿年前，地球上出现了最早的哺乳动物，它们生活在陆地上。哺乳动物属温血动物，它们产下与它们同样的幼体，并且呼吸空气。这些都是适应于陆地生存的，但是鲸鱼和海豚也是哺乳动物，它们是生活在水中的哺乳动物。然而我们知道哺乳动物是在陆地上进化的。因此鲸鱼最初是如何进化的就成了一个难解之谜。通过了解这一点，我们就开始了解这些巨大的飞跃，这些重大的转变是如何普遍发生的。

人们对鲸鱼抱有很大兴趣，鲸鱼是少数的几类哺乳动物之一，它们与人类同样拥有大而复杂的大脑。并且，在某种意义上，它们就是我们的另一半。它们生活在海洋里，我们生活在陆地上；它们统治着海洋，而我们统治着陆地。因为这些原因，我们对在它们身上究竟发生了什么事，它们是怎样来到海洋的，都非常感兴趣。这就像是漫长的地质时代中，我们人类自身历史的一副映像。

金杰里克发现的头盖骨后部化石

当菲尔·金杰里克 30 年前开始其职业生涯时，他对鲸鱼一无所知，他当时并没觉得这样有什么不好。

后来他对地质学发生了兴趣——主要是因为他无法想像在书桌后度过一生。

“我被地质学所吸引，因为它是一门户外科学。在地质学中，我对古生物学尤其感兴趣，这是一门关于生命以及生命史的科学。”金杰里克起初对原始陆地哺乳动物感兴趣，最后他去了巴基斯坦。正是在那里他遇到了大多数古生物学家梦寐以求的发现。一块将重新改写进化论最伟大篇章之一的化石。他说：“我发现一块头盖骨的后部，我无法判明那是什么。它的耳部很不错，保存得也好，这提供了我鉴定的线索。”

这形状似乎很熟悉，可是在很多方面它不像金杰里克以前看到过的任何东西。

“这是原始标本，我们大约在1978年发现。它在很多方面会给你启发。其中一点是，它在大小和形状上非常类似于狼的头盖骨后部。”

可是这块头盖骨还是有些古怪。在它的下侧有一个胡桃大小的隆起。

“如果不是这一新的发现，我会认为这是一个古食肉类哺乳动物，我们称为库里俄洞特。”

撒哈拉大沙漠落日

这是动物内耳的一部分，而且它的形状很特殊。这种形状目前仅在一种动物身上发现过——这就是鲸鱼。这一发现激起了金杰里克的好奇心。鲸鱼的耳朵怎么会出现在一只类似于狼的动物的头盖骨上呢？金杰里克构造了这一生物整体头盖骨可能的模型。他想知道，他的发现就是意义重大的“缺少的一环”吗？人类所发现的第一块相关的化石证据，支持达尔文最惊人的宣言之一——鲸鱼是由陆地哺乳动物进化而来的？为了探个究竟，金杰里克需要发现更多的化石，以表明鲸鱼演化的每一个阶段——科学家称之为“过渡的”形态。

金杰里克试图回到巴基斯坦，重新开始他的研究工作——可是战争爆发了，边界被封锁了。

无奈之下，金杰里克决定去其他地方寻找。他曾听说在一个似乎是不可能的地方发现了鲸鱼骨骼的故事，所以他决定亲自去查证。

撒哈拉沙漠是地球上最干燥的地区之一。可是四千万年之前，情形就大不相同了。

这里曾是南地中海，它由一大片由层叠的砂岩组成的，在面积达100平方公里的绵延地带，有一个惊人的名字——“鲸鱼之谷”。这个名字真是再合适不过。在这片不毛之地到处散落着许多玫瑰色石头样的东西，但是它们不是石头。

“你可以看到这些脊椎骨是多么巨大——这是腰部的，部分已经风化。它们是鲸鱼的骨骼，有四千万年之久。”

“回到这儿，从蘑菇样的风蚀岩里伸出来另外一个。这里有一个，再回来那儿还有一个。这整个地方遍布鲸鱼。”

为什么有这么多鲸鱼集中在这一地点？金杰里克相信鲸鱼谷曾经是一个海湾，由水下的沙洲与开阔的大海相隔的咸水湖。鲸鱼可能在这里产下它们的幼崽，以后又回到这里死去。

鲸鱼谷发现的鲸鱼化石

可是尽管有数以百计的鲸鱼骨躺在他的脚边，金杰里克还是感到失望。几乎所有的骨骼都属于一种名叫贝西洛索洛斯的鲸鱼。这种生物有四千万年之久，并已为科学所知。

贝西洛索洛斯长年生活在水中。如果鲸鱼是由陆地哺乳动物进化而来，它们应远早于贝西洛索洛斯。因此金杰里克并不认为这些骨头具有很大价值。可是他大错特错。

经过几天的挖掘之后，他再一次有了惊人发现。结果证明，贝西洛索洛斯具有现代鲸鱼早就失去的某些东西。

"第一次，我们发现了有腿的鲸鱼。"

骨骼很小——可是毋庸置疑。一副骨盆——腿骨，一个膝盖骨——甚至脚趾。这条鲸鱼具备一整套腿骨。金杰里克买回他所能搬走的尽可能多的骨骼。这证据真是富有戏剧性，鲸鱼曾经是四足动物。

继金杰里克的发现之后，他和其他人又有了更多令人惊奇的故事。科学家目前认为，鲸鱼最早的祖先是类似于这种五千万年之久的、与狼相似的哺乳动物，它被称作新诺尼科斯。新诺尼科斯是以腐尸为食的食肉动物，沿着古大海的海岸边生活和狩猎。可能它的后代发现水域有丰富的食物来源，并且是躲避竞争的安全港湾。经过数百万年的演化，前腿变成了鳍，后腿消失，躯体失去了毛发，呈现出与它们相似的流线型体态。继金杰里克的首次发现被命名为帕克赛特斯之后，已知的"过渡的"鲸鱼名册已经形成。目前包括：阿姆布卢赛特斯、鲁多赛特斯、杜柔冬还有贝西洛索洛斯。它们显露出鲸鱼进化的另外一个要素——鼻孔逐渐移到头顶，以适应在水中呼吸的需要。

"鲸鱼是怎样失去它们的腿的呢？"

金杰里克的工作说明了达尔文自己所强调的——进化的证据俯拾皆是，只要我们愿意寻找。骨骼并不是鲸鱼进化的惟一证据。它们的祖先也是很容易弄明白的——只需看看它们移动的方式就知道了。弗兰克·费实研究了今天的海洋哺乳动物如何游水。他寻找它们的进化遗产——它们在水中移动的方式。

重要的问题是：怎样从一只用四条腿到处跑动的陆栖哺乳动物，进化为类似于海豚的一种生物，它们完全没有腿，并且能很好地适应在海洋中游动。

尽管鲸鱼看上去像鱼，它们游水的方式和鱼类并不相同。鱼类通过将脊椎骨从一侧弯曲到另一侧来游动，就像鲨鱼一样。可是哺乳动物以不同的方式游动。水獭通过脊椎骨的上下起伏来游动。鲸鱼也用完全相同的方式游动。

事实是，陆地哺乳动物也以同样的方式运用它们的脊椎骨——在跑动中。鲸鱼将它们祖先运动的方式带入水中，五千万年后的今天，我们仍能在它的身上看到这种痕迹。

在某种意义上，对鲸鱼来说，进化并不创造任何新东西，而只是对陆地哺乳动物“修修补补”。人们称之为“修补”。在进化的历史中，对于每一个时期，每一个动物物种都是这样的。鲸鱼的进化起点是生活在五千万年之前的四足的陆地哺乳动物。而陆上动物也同样是演化的产物——一件远远早得多的产物。数亿年前，陆地上根本不存在任何动物。

在那之前，我们所有的远祖都生活在水中。在某一个“点”生命完成了从水中到陆地的转化。那是一个巨大的改变。

那是鱼类爬出水面，在陆地上匍匐而行的时刻。

如果早期的动物没有完成这一转变，人类今天就不会在这里了。同样重要的是，了解何时，可能在何地，以及怎样完成这一转变。

第一批离开水中的生物确实迈出了新的一步。它们的后代最终进化为今天的爬行动物、鸟类和哺乳动物。这些生物的共同起源仍然是显而易见的——从它们的身体可以看出。与人类同样，它们都拥有躯干和四肢，它们都是四足动物。

那意味着，所有这些不同的生物，都是一个共同祖先的后代。而这一祖先拥有某种非常类似于四肢，或者是与四肢同一性质的东西。

究竟什么是那个共同的祖先？三亿七千万年前它又是

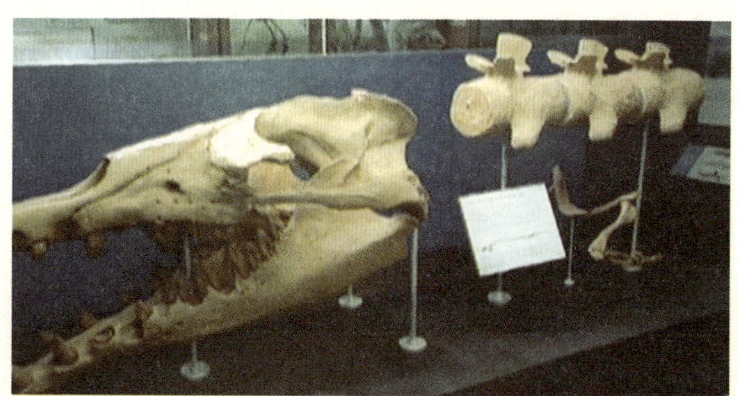

有腿的鲸鱼骨骼化石

鲸的祖先是与狼相似的陆上哺乳动物（模拟图）

怎样离开水中的？这些都是古生物学家内尔·舒比和特德·德克勒试图回答的问题。他们相信，宾夕法尼亚中部这里的峭壁会提供一些线索。

舒比：“泥盆纪时代的世界非常不同。首先，你需要记住大陆在不停地到处移动。因此，泥盆纪时代这一整个地区都在赤道以南。气候温暖……在宾夕法尼亚是极其典型的热带气候。”

古河床中发现的四足生物的肩胛骨

几亿年前，这些地层中的化石和沉淀物都沉积在河流的底部。

舒比：“我们这里看到的是大约三亿七千万年前，一条河流中生命的快照。有一些已经变成破碎的化石：鳞的化石、牙齿的化石。这里有一块小骨头——这是一种生物，一种已知的有棘状突起的鲨鱼的脊椎骨。”

大多数的化石都太破碎了，没有多大价值。1995 年，就是在这个地方，德克勒发现了一件他以前从未见到过的东西。这是一小段肩骨——但并不是鱼类的。这是一只四足动物的肩骨——三亿七千万年前的。舒比和德克勒发现了最早期生命之一的四足生物的遗骸。

德克勒：“这是整个北美地区早期四足动物的第一个证据。这使我们非常振奋。还有另外一个令人惊讶的地方。由于这块肩骨是在一段河床发现的，这只四足动物极有可能生活在水中。”

舒比：“这是一个非常惊人的发现，是让我们出乎意料的那种发现。为什么一只有四肢的动物会生活在水中呢？通常认为四肢是为了在陆地上到处走动进化而来的。”

克莱克：“以前的观念认为，鱼类先上了岸，然后进化了腿。我们现在认为，四足动物是先进化了手指，然后才离开了水。”

剑桥大学的詹妮·克莱克认为，许多教科书中所讲授的理论是错误的。

克莱克：“你会在很多旧的教科书中发现这种故事，

在少儿书籍和博物馆陈列室也会看到很多这种图片，一张鱼类的图片，鱼在干涸的池塘里难以行动，鱼试图离开水支撑住自己。如果你以客观的眼光看待这些图片，确实会觉得很古怪。”

克莱克认为应该有一种更好的解释，可是到哪里去寻找呢？仅有少数的早期四足动物化石曾被发现，其中大多数是世纪之初在格陵兰岛的一个边远地区发现的。惟一能够指导她的是一本刊物上一段潦草的笔记，是多年前一次格陵兰岛探险之旅留下的。其中提到在一座不知名的山上发现了四足动物化石。克莱克飞到格陵兰岛，寻找那些骨头。

克莱克：“终于，我们发现了那个地点，在一段山坡上800米的高处。”

克莱克带着四吨岩石回来了。然后花了四年的时间钻开这些岩石。最后，她有了迄今为止最完整的早期四足动物骨骼。它们从此改变了教科书的内容。

克莱克：“但是我们最先发现的东西之一是一段前肢。”

这只动物前肢的末端显然是一系列骨头的排列。这是一只手。

克莱克：“这是一次生命的重构。艺术家是用想像力重构色彩设计以及视觉——可是我们认为这是你所能看到的最精确的重构。”

这只被命名为安坎索斯特加的生物显然居住在水中——它有类似于鱼的尾巴——还有鳃——适于在水中呼吸。可是它的手臂末端是桨形的——可能是地球上最早的手。

克莱克：“这是一只游水生物，我们不知道它是否可能曾从水中来到陆地上，但显然它不曾以陆地式的方式行走。从根本上来说，这是一只有手指的鱼。”

克莱克的发现是科学上的一个突破。它证实了水中的一些鱼有手臂和腿。因此四足动物不必要来到陆地之后才进化四肢。四肢已经进化——并且帮助它们在离开水的地方生存下来。四肢的基本模式在数百万年前已经固定下来。

舒比："这是一只三亿七千万年之久的鱼的鳍，这是人类的手臂。在人类的手臂上，你可以看到依次是一根骨头，然后是两根骨头，腕关节和手指。在这只鳍上你看到什么了呢？这是一根骨头，两根骨头——甚至可与腕关节类比的小骨头，然后是竿状物，朝向远离其他固有部分本身的方向伸展。就像是我们的手指和脚趾。所以你看到了，在大约三亿七千万年前的这只鱼鳍上，已经形成了许多用于组成四足动物四肢的骨头。"

基本的模式已经在那里了，由鳍到四肢的演化发生在数百万年之间发生的一系列小的转变当中。

舒比："进化是没有目的的。进化并没有试图产生四肢，也没有努力把我们的远祖推出水中。所发生的一切只是一系列的演化而已。"

在四足动物最初进化的拥挤的、清澈的水流中，生存的竞争是残酷的。

舒比："这些小河流就像是进化演变的发动机，或是熔炉。"

鱼类试验用各种各样的生存策略。一些变成了食肉动物。这只颚骨就是一只十二足的长形食人兽的。它的牙齿有铁轨的尖钉那么大。小一些的鱼进化了复杂的防御系统，像这副厚重的甲胄。其他有些鱼还包藏了兵器——像这只锋利的尖钉状的东西就是从一个动物的脖子后面伸出的。这些装备都是在危险的环境中生存的工具。而它们的新手臂和腿则可能为早期的四足动物提供了另一种生存方式。

舒比："这就是放弃原来水中的生存方式，来到了陆地上生活。而在根本上，正是这些新的特征，像四肢这样的新特征使这些动物能够放弃原来的生存方式，也就是说，能够离开水中生活。"

那些确实离开了水中的动物发现了一个新的世界——充满了机会的新世界。

生命是我们这个世界最伟大、最神奇、最美丽的自然现象。地球上的各种动植物和微生物，都以各自独特的生存方式在地球上生活着，如果像进化论中说的它们都是由

地球早期四足动物骨骼化石

根据化石复原的早期四足动物模型

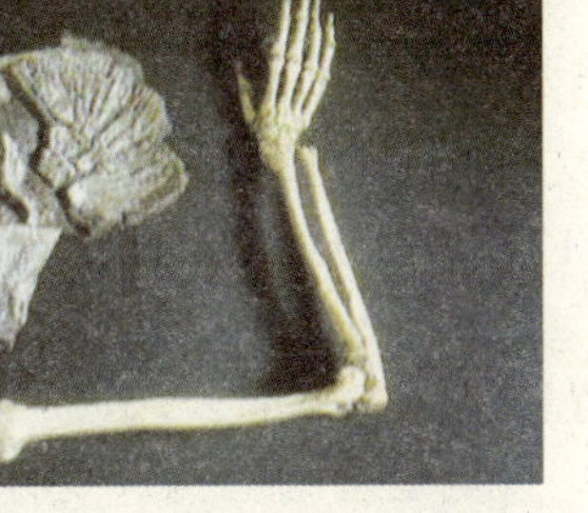
古鱼类化石的鳍与现代人类手臂对比

古鱼类口内长着尖利的牙齿

食肉类古动物牙齿化石

同一祖先进化来的，那为什么在形态上会出现这样大的差别呢？

舒比："通过回顾六亿年的动物历史，我们了解到什么呢？进化以'哺乳动物态'为蓝本修修补补形成了鲸鱼，用同样的方式以'鱼态'为蓝本修修补补形成了四足动物，又以'动物态'为蓝本形成了我们今天看到的各种各样不同的身体设计图。所有这些不同的生物都是同一个主题的变奏—— 一遍又一遍不停地演奏。问题是——进化是用什么为蓝本修修补补的？最近20年最值得注意的发现之一，就是进化并不以身体为蓝本进行修补，而是用配方，用构成身体的装置进行修补。那么，配方是什么？构成身体的装置是什么？这就是基因，构成身体的基因。"

化石记录了动物身体经过时光的演变。可是动物身体究竟是如何变化的还是个未知数。在20世纪的大部分时间里，人们都在探寻进化的遗传机制。当科学家最终发现了这一机制，它们震惊了——它原来竟是如此简单。这些科学家的关键人物之一是麦克·莱维恩。

莱维恩："我想我是一个有几分怪诞的孩子。我一直喜欢臭虫。我们家有一个很大、很漂亮的后院，我可以去那里。这有点像是我的圣地。我在那里和臭虫玩。解剖它们，操纵它们。那真是最令人愉快的记忆了。"

莱维恩对臭虫的亲近感促使他走上了生物学的研究道路，特别有一种昆虫成为他着迷的对象。

莱维恩："它们繁殖很快，有许多种型态。我是说，如果隔开一定的距离，你不会了解它。可是当你在显微镜下观察一只成年果蝇，你将被它们鬃毛的数目，翅膀的错综复杂，以及它们眼睛的花纹图样所震惊。"

莱维恩："可是胚胎是另一回事儿。我不喜欢胚胎。"

长期以来，科学家认为胚胎将为动物是如何进化的提供线索。所有胚胎都是从相同细胞组成的细胞簇开始形成的。可是，胚胎很快会分解为很多专门的部分，而它们将发展为动物的最终形态。是什么控制了这一过程？胚胎怎样"知道"要成为什么形状？

19世纪的博物学家威廉姆·贝特森是最早研究这些问题的人之一。贝特森写道，动物的骨架显示出其各部分不断重复的基本结构。他还注意到动物偶尔会在错误的地方生成一些部分。

卡洛尔：“腿长错了地方的昆虫，或是螃蟹的爪子变形成了腿，或者实际上是蟒蛇的解剖标本，却有额外的肋骨，或是长了额外的颈部脊椎的青蛙，总之就是类似的种种这些事情。对贝特森来说，这些生长中的误差意味着动物的根本设计图被破坏。他不知道这是如何发生的，可是他认为这些身体生长的随机变化可能为进化注入了燃料。”

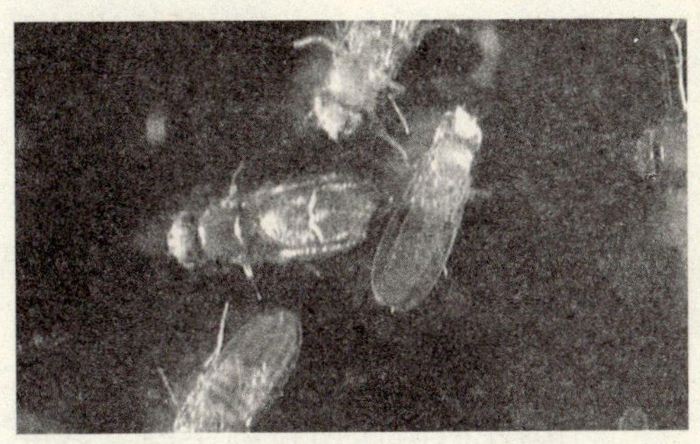

用做基因实验的果蝇

20世纪40年代，科学家通过对果蝇的研究，了解到如何对生长设计图造成破坏——对生长中的胚胎进行辐射或浸入毒剂当中。

斯科特：“当他们这样做的时候，他们发现改变了翅膀结构的果蝇，改变了腿的果蝇。这些非常特殊的果蝇要么是身体的某个部位长错了地方，要么是身体的某个正常部位又在另一个地方复制了出来。”

科学家通过破坏果蝇的DNA诱发了这些变化。在生长中的胚胎的每一个细胞内有一个链状的分子结构，被称作DNA。实验首次表明，DNA在某种程度上使得胚胎分裂为各个部分，而这些部分最终会完全长成身体的各个部位。可是，DNA是如何做到这一点的？科学家刚刚开始认识到，DNA本身也是由被称为基因的各个部分组成的。每个基因似乎都在扮演不同的角色。问题是：基因怎样形成了身体？

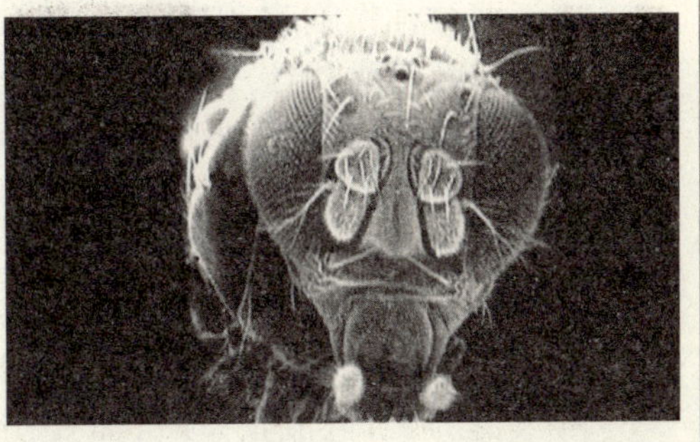

电子显微镜下的果蝇图像

埃德·刘易斯博士，加利福尼亚理工大学的一位研究人员，研究这个问题已有30年之久。他对数以千计的果蝇进行杂交。刘易斯的工作导致了一个颇有争议的观点。

他提出了一个形成胚胎的意想不到的简单机制。他写道，果蝇每个部分的生长都是由单一的基因支配的。一小组基因，看来像是某种遗传的“工具箱”在装配整个身体。

斯科特：“他看着这些基因，他说：‘这一个对身体的这个部位起作用，这一个影响另一个部位，还有这一个影响那一个部位。’这真是惊人的观察。”

这令人惊讶，因为它看上去太简单了。没有其他人会认为单一的细胞有那样大的威力，足以支配像身体结构这样复杂的事物。怀疑论者争论说，刘易斯的观点只是主观臆测。当然，他从未看到过这些基因，因为这样的技术目前尚不存在。

莱维恩：“从20世纪20年代到70年代，在物理上还无法分离出任何特定基因。我非常幸运，当我还是一个学生时，这一机会成为可能。因此，我们中的许多人都在想，喔，我们终于可以深入挖掘，辨认出这些真正神秘的基因了。”

莱维恩得到他的朋友和同事、科学家比尔·麦吉尼斯的支持。他们研究的第一个基因有一个不同寻常的名字——安昙纳匹弟亚，意思是“触角腿”。这一基因被认为是负责支配腿的生长——如果这个基因不起作用了，果蝇的腿就会长错地方，比如在头上，而不是触角上长出腿来。对于正常果蝇，腿是从身体的中间部分长出来的，这一区域被称作胸腔。因此莱维恩和麦吉尼斯决定在正常胚胎的胸腔内寻找这一基因。

莱维恩：“我们预计，安昙纳匹弟亚应该是活跃的，存在于胸腔中，胚胎生长着的胸腔中，可是谁能说得清呢？”

莱维恩和麦吉尼斯不得不做一些前人从未做过的工作。他们必须找到一种方法，能够看到活动中的基因。

莱维恩：“我们想要看清楚这个基因，这真是一项非常艰苦的工作。这一项目需要使用新的、未经检验过的方法。”

比尔：“起初，工作进展并不顺利，有一些技术上的问题需要解决。”

这个研究小组必须发现放射性的探测器和有毒酶之间的微妙平衡。任何一种过量都会破坏胚胎。

莱维恩:“整个过程令人难以置信地单调乏味。工作日复一日,没有多少令人满意的进展。反复试验进行了数月。”

比尔:“人们经常会对你说,你知道,你应该尝试做点别的什么事,这件事太渺茫了。你是在浪费时间。可是我们坚持下去了。”

终于,一天深夜,数月的劳动得到了回报。

莱维恩:“这个时刻终于来到了。我们看到基因在一个极早期的胚胎中心的某个区域被打开了。这是以前从未见到过的。”

安昙纳匹弟亚基因起到一个类似于主开关的作用——打开了胚胎中即将形成胸腔的部分。这其中的含义确实令人费解。如果像安昙纳匹弟亚这样的单一基因能够决定动物的各个部分,这些基因就将起到身体建筑师的作用。一旦这些基因中的一个在错误的地方打开,将对身体造成惊人的改变。莱维恩和麦吉尼斯似乎已经揭示了负责身体进化的基因。

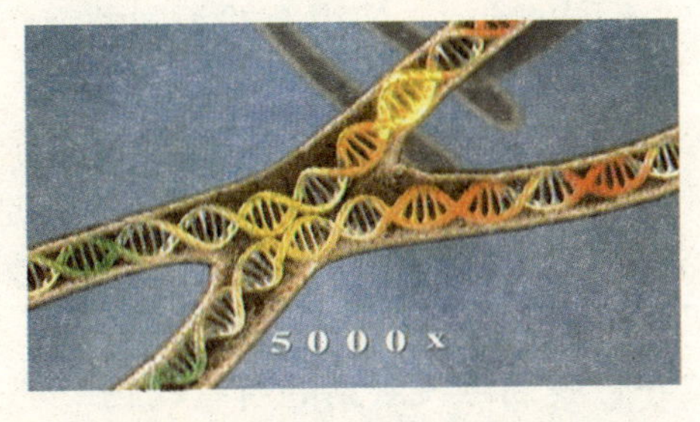

基因链图(模拟)

可是仍然有一些疑问。所有的研究都是在果蝇身上进行的。其他的动物会怎么样呢?它们也使用同样的机制来形成身体吗?答案将来自瑞士。1994年,巴塞尔大学的沃尔特·杰林在果蝇身上分离出诱发眼睛生长的基因。这个基因被命名为“盲目的”,因为缺乏这一基因的果蝇将不会有眼睛。

杰林知道一种基因,对老鼠也会产生相同的结果。杰林感到不可思议——这两种基因是相同的吗?

我们可以这样来检验这个问题:拿来老鼠的基因,把它放入果蝇的体内,看看果蝇能否理解老鼠的信息。

杰林除掉了果蝇负责眼睛的基因,换成了老鼠的基

因。令所有人都惊讶的是，老鼠的基因在果蝇身上完美地运行，诱发出一只复眼。

果蝇用来自老鼠的基因长成了正常的果蝇的眼睛。这两种生物不仅采用相同的进化机制；它们还使用完全相同的基因。这就是隐藏在那些额外的翅膀，从头上长出来的腿，以及贝特森那些畸形动物后面的机制。历时一个世纪的探寻结束了。身体进化的遗传引擎原来是极少数的几个强有力的基因。

卡洛尔："这意味着，在某种意义上，进化是比我们原来想象的更简单的过程。当你想到存在着的各种形态的多样性。我们首先认为这会包含着形形色色的新奇创造，一遍又一遍地从头开始。我们现在理解了，不，进化是对信息包使用新的不同的方式，使用新的不同的组合，并不一定要从根本上发明新的事物，而是新的组合。"

突然间，动物之间形态的一致性很容易理解了。动物彼此相似，因为它们都使用同样的一套基因来构造身体，一套从它们生活在很久以前的一个共同祖先那里继承来的基因。

斯科特："并且我们今天看到的所有动物，都只是存在于五亿多年前的一个'身体计划图'的变种。"

卡洛尔："你从那里得出的只能有一个必然的结论，那就是，如果所有的这些分支都有这些基因，那么你必须深入到它的基础，就是所有动物最后的共同祖先，由

科学家研究果蝇基因

此推断说，它必然会有这些基因。呈放射状排列的所有动物，以及动物多样性的整个根源，本质上都是由同一套基因衍生的。”

1995年，埃德·刘易斯和他的合作者被授予诺贝尔奖，以表彰他们发现了构造动物身体的通用基因组。

结论就是，这就是那些所谓的“微小的差异”，所谓“进化所做的那些修修补补”之类的事情。正是它们把我们变成了现代的两足动物。

进化，或者说生命已经走到了这个时刻，它进化了一种生物，这种生物能够讲述进化本身的故事。

今天在地球上生活着的几百万种动植物和微生物，构成了多姿多彩的生命世界，它们足迹遍及地球上的各个角落，无论高山平原、江河湖海、沙漠极地，甚至在万米的高空、极深的水下，几乎到处都有它们的身影。但曾在地球出现过而最终灭绝了的生物要远远超过现在的数目，过去40亿年来，生物是经过不断演化、繁衍，才形成今天千姿百态、种属繁多的生物界，这种进化的过程都已经在化石的发掘中得以验证，在以后的岁月中，我们人类，还有其他生物还将继续沿着进化的大路一直走下去。

吹尽黄沙始到金

——编后记

“教科文行动”由中央电视台科教频道始创，历经三载，熔铸了当代中国科教兴国战略的时代精神，熔铸了科教频道对“教育品格、科学品质、文化品位”一以贯之的追求，熔铸了中央电视台领导，科教频道领导、编创、管理等方面电视人的勇气、智慧与心血，熔铸着广大电视观众的希冀，终于成长为一个获得了同行赞誉、具有社会影响力而富于特色的电视文化品牌。

中央电视台于2001年创立科教频道，电视文化传播始踏上专业化征程。历次“教科文行动”不遗余力，不惮繁复，可谓“千淘万漉虽辛苦”，也只是经编纬辑了中外优秀文化成果中的不及九牛一毛。但在电子传播时代，它更像是种子，已经不断播撒于广泛的社会受众渴求知识的心田之中。

科教频道于2003年暑期编创的“教科文行动”，分为文学、美育、历史、地理、自然、科技、综合等7大版块，播出全程历时60多日，全套节目题材广泛，内容充实，视角独特，在生动的声画世界中渗透着深沉哲思与人文关怀。

节目播出后，受到观众好评，许多人要求重播或保存相关节目资料。对科教频道电视人而言，这是莫大的安慰与鼓舞——前行路上，知音弥多。

为方便观众对电视节目的深层理解和对相关文化知识的掌握，探索一条跨媒体的文化传播途径，中央电视台社教节目中心与上海科学技术文献出版社合作，整合“2003年暑期教科文行动”等一批优秀节目资源，将其纳入图书出版之列，并命名为中央电视台科教频道“教科文行动——给头脑的基本储存”。

丛书共分8个分册，分别为《探索宇宙的神奇奥秘》（原天文篇）《极具挑战的地球故事》（原地理篇）《寻找失落的世界遗产》（原历史篇）《改变人类的科学活动》（原科技篇）《古今中外的文学盛宴》（原文学篇）《艺术殿堂的心动之旅》（原综合篇）《动物世界的生存法则》（原自然篇）《科技发明的历史长河》（原天工开物）。

这样，电视“教科文行动”终于带着蓬勃的姿采走出电视，落实到广大观众及读者的手中、心中。观众、读者如在阅读中感到一些或契合或启迪或便利，就算是科教频道电视人借《教科文行动》丛书的出版而送上的点点金沙吧。

整套丛书在编辑过程中，得到了中央电视台台领导的支持，得到了多领域专家、学者的指教，得到了“教科文行动”编创人员的通力配合，在此一并深表谢忱。

中央电视台社教节目中心与上海科学技术文献出版社两家传媒的精诚合作，为《教科文行动》丛书出版奠定了成功基础。

本丛书的编辑或有不妥不当舛错之处，请广大读者不吝赐教。

CCTV-10《教科文行动——给头脑的基本储存》

编辑部

2004年4月

《极具挑战的地球故事》主创人员

制片人

刘国春　王新建

主　编

张文达

编　辑

李亚伟　刘吟苍　黄海波　王远伟　田　喆　鲁　岩

欧阳薇　赵　惠

主持人

石琼磷